I0491494

COMMENT UTILISER WHATSAPP

VOTRE GUIDE ULTIME POUR TOUT WHATSAPP!

VANSHDEEP SINGH MADAN

TABLE DES MATIÈRES

Envoyez des photos, des vidéos, des documents et des contacts:

utilisez des émoticônes, des GIF et des autocollants:

Rechercher des messages:

Mises à jour du statut:

Modifier les paramètres de notification:

Contacts bloqués:

PROCESSUS D'INSTALLATION

COMMENT OBTENIR WHATSAPP SUR MON TÉLÉPHONE?

WhatsApp n'est pas préinstallé sur votre téléphone, la première chose à faire est donc de l'installer. Pour ce faire, vous devez trouver l'App Store (Pour les iPhone) ou le Play Store (Pour les smartphones Android), un marché Pour les applications qui contribuent à améliorer votre smartphone. Imaginez un centre commercial ou un supermarché où vous pouvez acheter n'importe quoi, de la nourriture à l'électronique. Le centre commercial dans ce cas est l'App Store ou le Play Store et les produits que vous achetez sont les applications.

iPhone:
Sur votre iPhone, recherchez l'icône App Store sur votre téléphone. Vous n'avez pas à vous soucier de l'installation de l'App Store car il est préinstallé sur votre téléphone. Une fois que vous avez trouvé l'icône, cliquez sur l'icône Pour l'ouvrir. Dans l'App Store, cliquez sur le bouton Rechercher en bas de votre écran avec le logo de la loupe. Tapez WhatsApp et sélectionnez WhatsApp Messenger dans la liste ci-dessous. Cliquez sur le bouton de téléchargement (un nuage avec une flèche pointant vers le bas). Vous devrez peut-être vous connecter à votre identifiant Apple et voila WhatsApp a été téléchargé et installé sur votre iPhone !! Toutes nos félicitations!

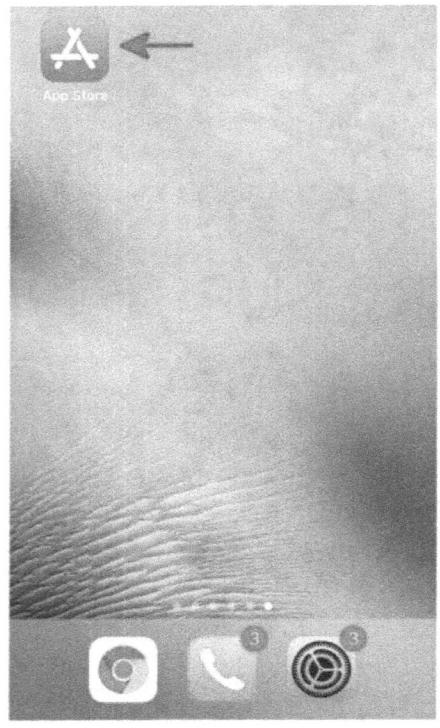 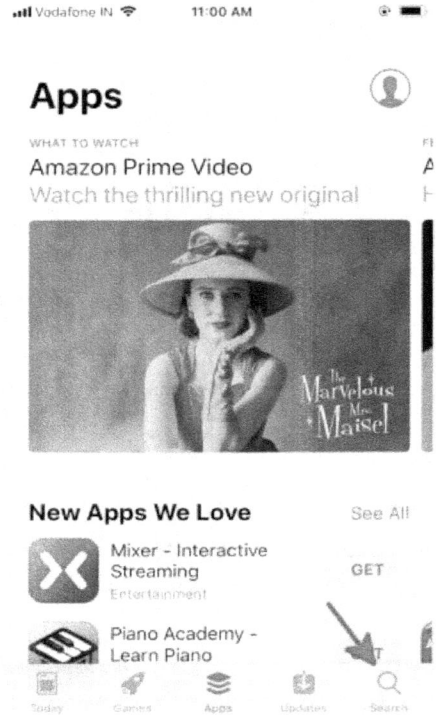

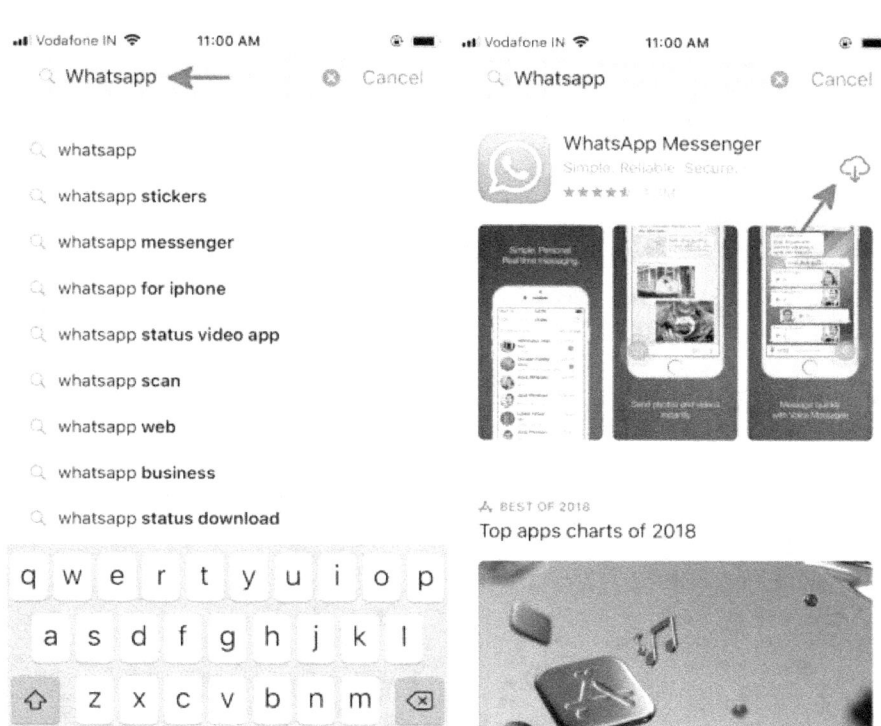

Android:

Sur votre smartphone Android, recherchez l'application Play Store préinstallée sur votre téléphone. Dans l'application Play Store, cliquez sur la case Google Play en haut de l'écran Pour rechercher une application.

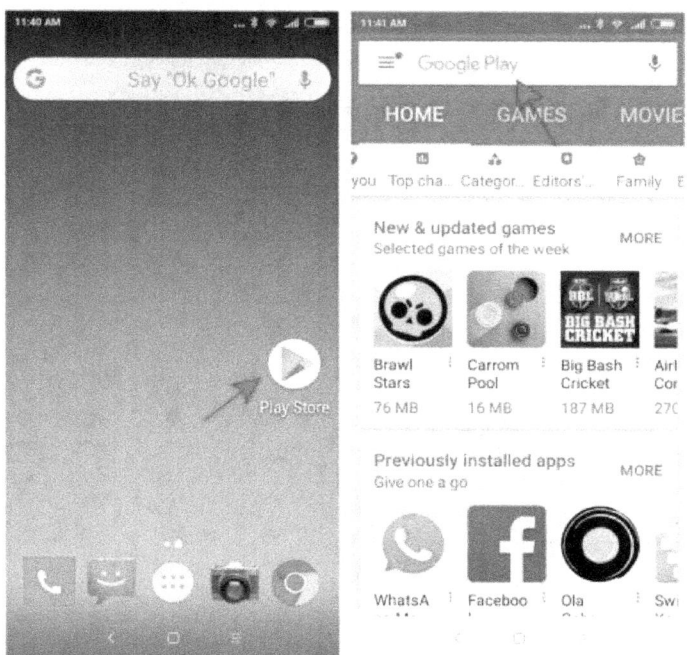

Tapez WhatsApp dans la zone et sélectionnez WhatsApp Messenger comme indiqué ci-dessous. Cliquez sur le bouton d'installation et le bouton d'acceptation suivant et voila WhatsApp a été téléchargé et installé sur votre téléphone Android !! Toutes nos félicitations!

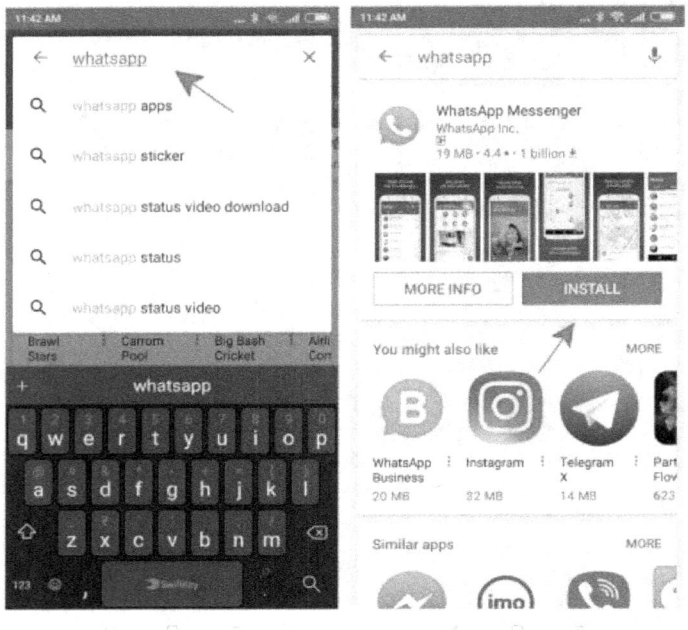

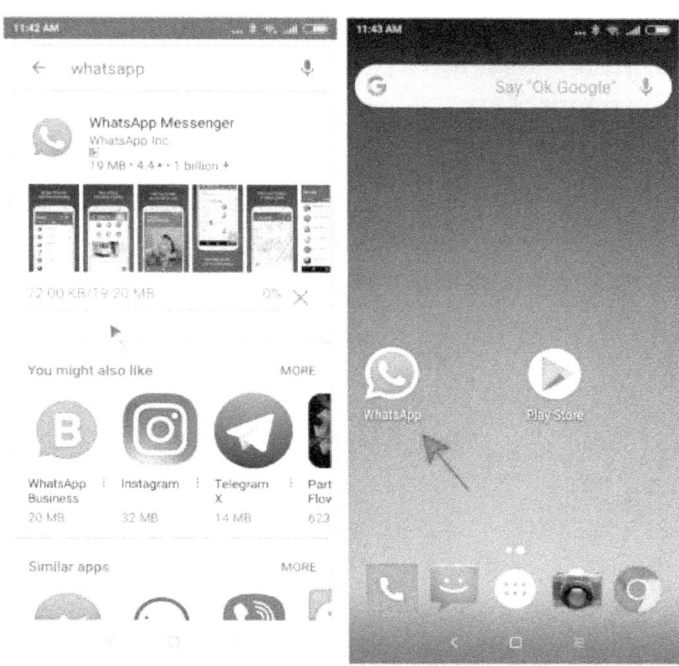

Peu! Maintenant que j'ai installé WhatsApp sur mon téléphone, puis-je commencer à envoyer des messages et à appeler mes amis maintenant?

Tenez vos chevaux mon ami! Nous ne sommes qu'à quelques minutes d'entrer dans le monde de WhatsApp. Tout ce que nous devons faire maintenant est de configurer WhatsApp et nous sommes prêts à partir. Alors allons-y!

CONFIGURATION
DE LE WHATSAPP

iPhone:

Recherchez l'application WhatsApp sur votre iPhone tout comme vous avez trouvé l'application App Store et cliquez des-sus Pour démarrer le processus de configuration.

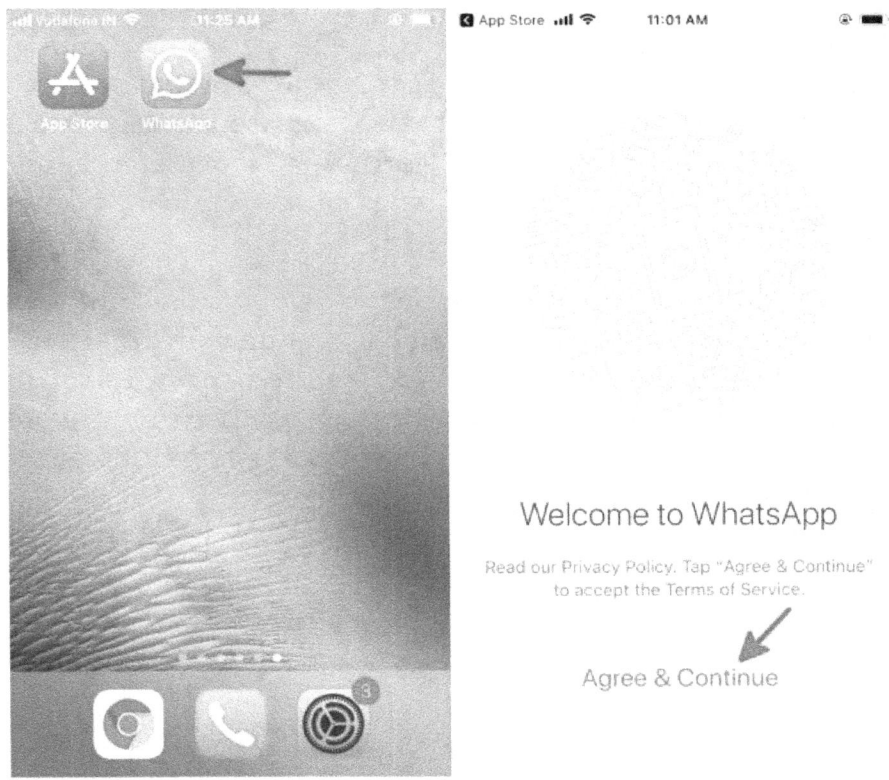

La première étape de la configuration consiste à saisir votre numéro de téléphone. Sélectionnez votre pays et saisissez le numéro de téléphone dans la case. WhatsApp vous demandera la permission de vous envoyer un message texte Pour vérifier le numéro de téléphone mobile que vous avez entré. Appuyez sur Accepter et saisissez le code de vérification que vous recevez par SMS sur WhatsApp. Si vous ne recevez pas le code, il y a un bouton sur la page de vérification Pour renvoyer le code. Une fois que vous avez entré le code, appuyez sur le bouton Vérifier.

Félicitations, vous avez vérifié avec succès votre numéro de téléphone et avez empêché les pirates malveillants d'entrer dans vos précieux messages!

* Étape supplémentaire Pour les personnes réinstallant Whats-App ou installant à partir d'un autre téléphone
Vous pouvez restaurer vos messages, photos et vidéos à partir de la dernière sauvegarde que WhatsApp a prise. Sélectionnez le bouton de restauration. Cette option ne vous sera présentée que si vous avez une sauvegarde WhatsApp précédemment prise et stockée dans votre compte.

Vient maintenant la dernière étape de la configuration. Vous devez sélectionner une image d'affichage et un nom d'affichage. C'est l'image que vos amis et votre famille verront lorsqu'ils discuteront avec vous. Le nom d'affichage est utilisé Pour vous identifier si la personne qui discute avec vous n'a pas enregistré votre numéro de téléphone sur son téléphone.

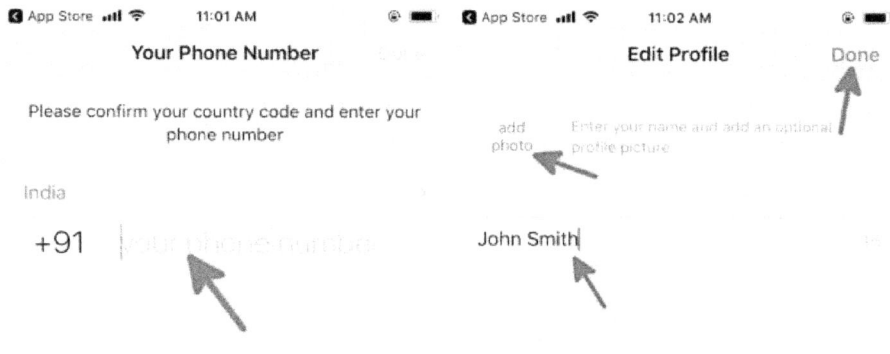

Android:

Recherchez l'application WhatsApp sur votre iPhone tout comme vous avez trouvé l'application App Store et cliquez dessus Pour démarrer le processus de configuration.

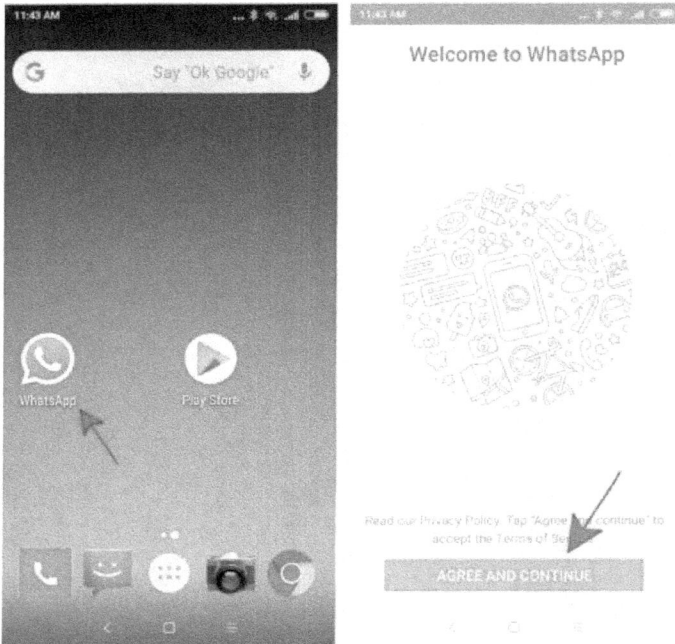

WhatsApp demandera d'abord l'autorisation d'accéder à vos contacts, vidéos et photos, ce qui vous aidera à ajouter des contacts et à envoyer facilement des photos et des vidéos.

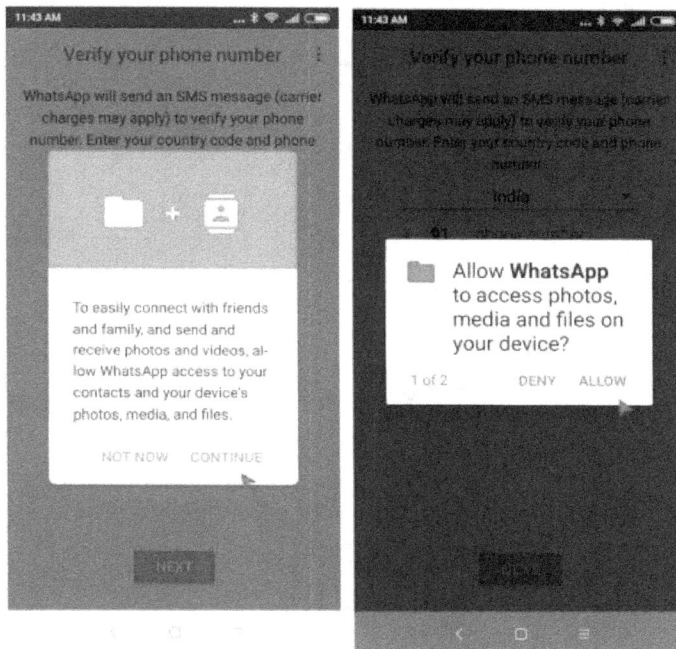

La première étape de la configuration consiste à saisir votre numéro de téléphone. Sélectionnez votre pays et saisissez le numéro de téléphone dans la case. WhatsApp vous demandera la permission de vous envoyer un message texte Pour vérifier le numéro de téléphone mobile que vous avez entré. Appuyez sur Accepter et saisissez le code de vérification que vous recevez par SMS sur WhatsApp. Si vous ne recevez pas le code, il y a un bouton sur la page de vérification Pour renvoyer le code. Une fois que vous avez entré le code, appuyez sur le bouton Vérifier.

Vous pouvez restaurer vos messages, photos et vidéos à partir de la dernière sauvegarde effectuée par WhatsApp. Sélectionnez le bouton de restauration. Cette option ne vous sera présentée que si vous avez une sauvegarde WhatsApp précédemment prise et stockée dans votre compte.

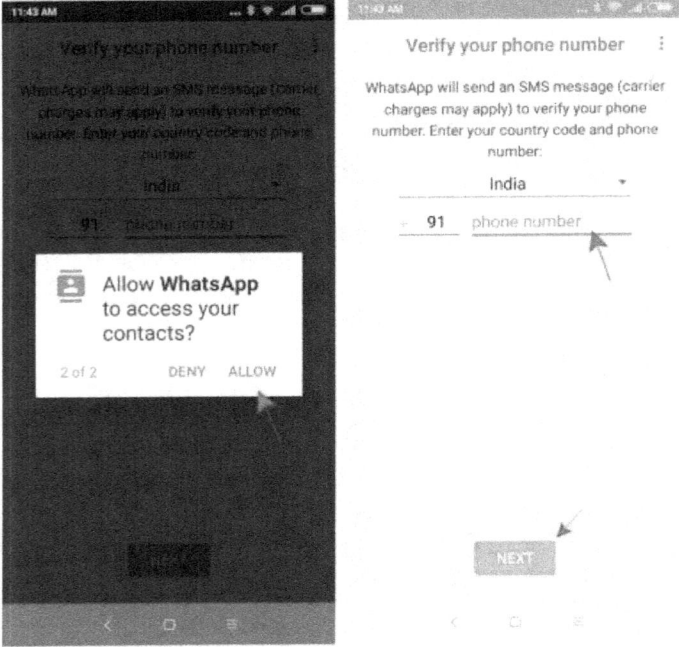

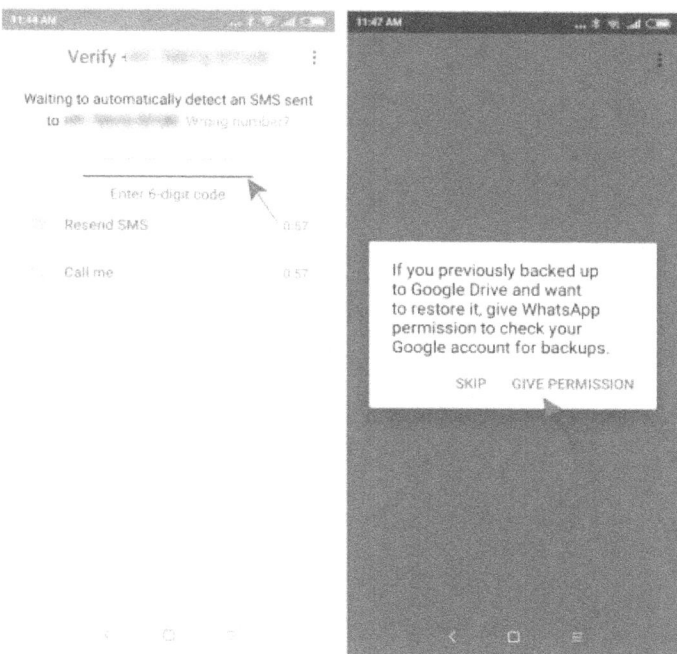

Félicitations, vous avez vérifié avec succès votre numéro de téléphone et avez empêché les pirates malveillants d'entrer dans vos précieux messages!

Vient maintenant la dernière étape de la configuration. Vous devez sélectionner une image d'affichage et un nom d'affichage. C'est l'image que vos amis et votre famille verront lorsqu'ils discuteront avec vous. Le nom d'affichage est utilisé Pour vous identifier si la personne qui discute avec vous n'a pas enregistré votre numéro de téléphone sur son téléphone.

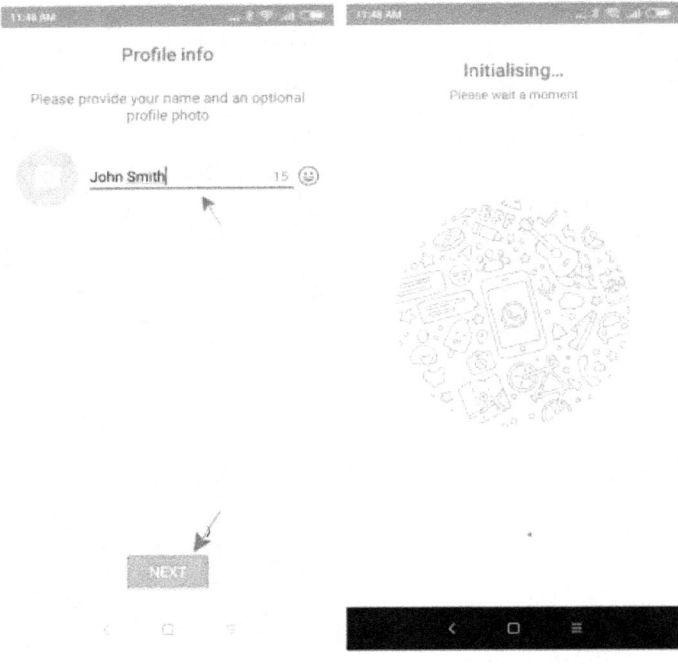

Yaay! Bravo, vous avez installé et configuré WhatsApp avec succès!

AJOUTER DES CONTACTS

Comment ajouter les numéros de mobile de mes amis et des membres de ma famille à WhatsApp?

C'est très simple. Si vous avez enregistré les numéros de vos amis et des membres de votre famille dans vos contacts de votre téléphone, ils s'afficheront automatiquement dans WhatsApp. Si vous ne voyez pas leur nom, ne vous inquiétez pas, nous allons ensuite ajouter des contacts.

iPhone:

Tous les contacts de votre iPhone sont automatiquement ajoutés à WhatsApp. Pour ajouter un nouveau contact à WhatsApp, vous devez cliquer sur le bouton «Nouveau contact» dans WhatsApp comme indiqué ci-dessous. Cela vous mènera à l'application de contact de votre iPhone où vous Pourrez enregistrer les informations de contact. Une fois que cela est fait, vous verrez votre nouveau contact dans votre liste de contacts WhatsApp. Vous pouvez ensuite sélectionner le contact et commencer à envoyer des messages avec lui.

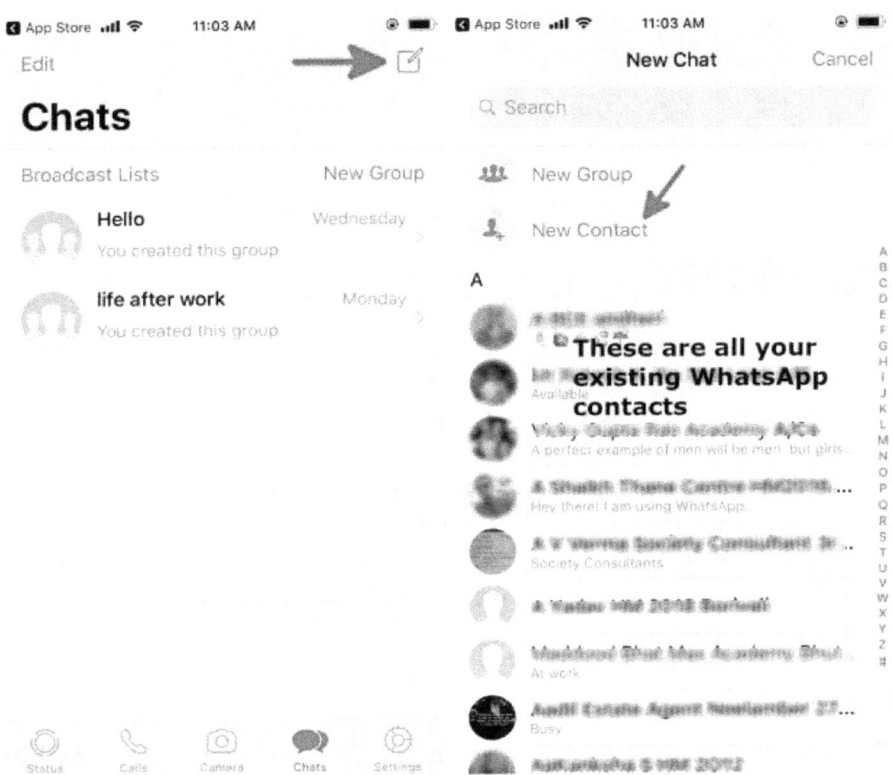

These are all your existing WhatsApp contacts

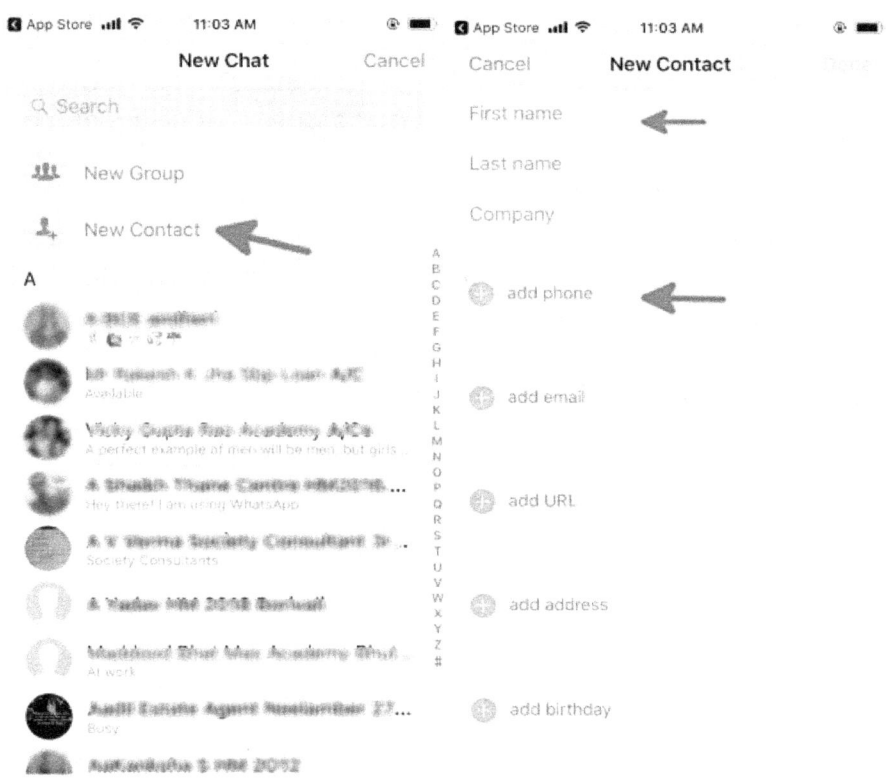

Android:

Tous les contacts de votre smartphone Android sont automatiquement ajoutés à WhatsApp. Pour ajouter un nouveau contact à WhatsApp, vous devez cliquer sur le bouton «Nouveau contact» dans WhatsApp comme indiqué ci-dessous. Cela vous mènera à l'application de contact de votre smartphone où vous Pourrez enregistrer les informations de contact. Une fois que cela est fait, vous verrez votre nouveau contact dans votre liste de contacts WhatsApp. Vous pouvez ensuite sélectionner le contact et commencer à envoyer des messages avec lui.

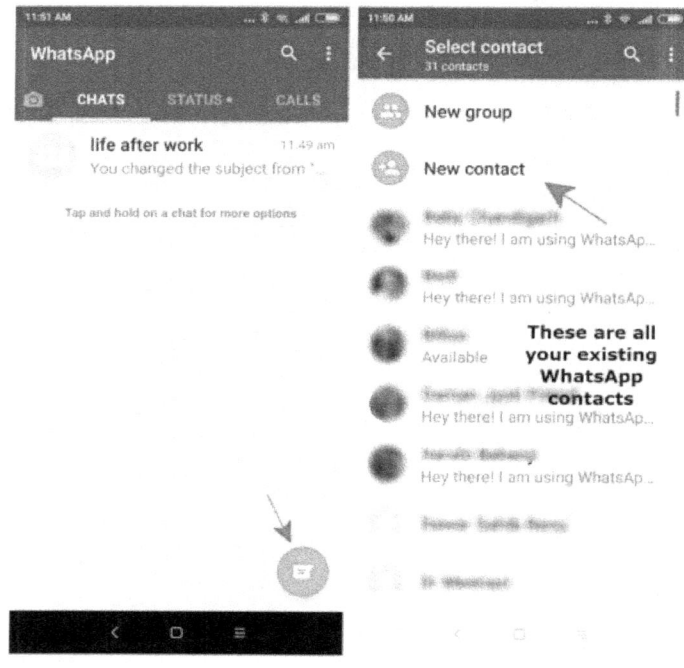

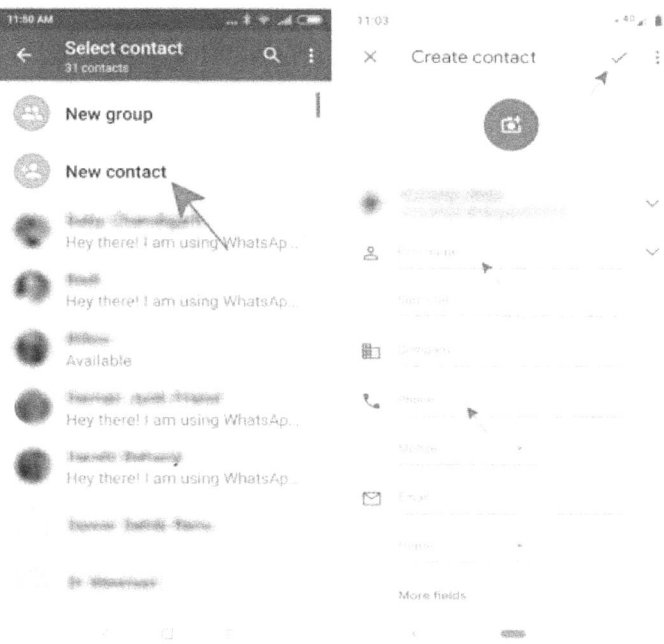

Bravo, vous venez d'ajouter le contact de votre ami dans WhatsApp. Vous pouvez maintenant commencer à envoyer des messages à tous vos amis et votre famille!

MESSAGERIE
WHATSAPP

COMMENT ENVOYER UN MESSAGE WHATSAPP?

L'envoi d'un message WhatsApp est facile à faire. Sur votre iPhone ou téléphone Android, vous cliquez sur le logo Whats-App Pour entrer dans l'application. Cliquez ici sur le contact auquel vous souhaitez envoyer un message et cliquez sur la case blanche Pour ouvrir votre clavier. Ici, vous pouvez taper votre message et appuyer sur la flèche verte Pour envoyer le message à votre ami.

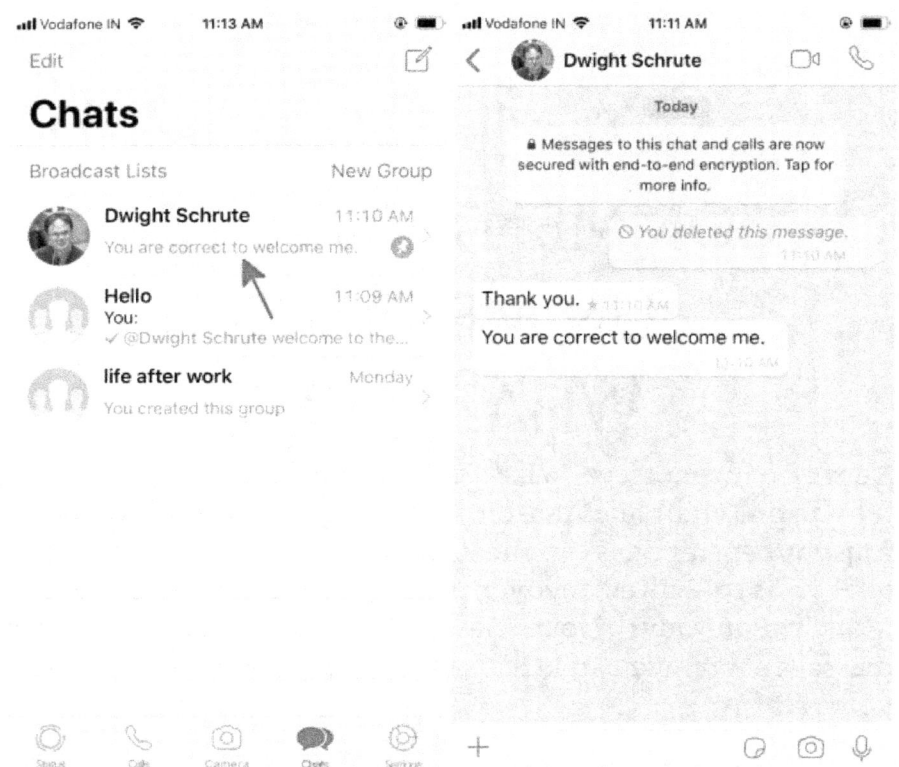

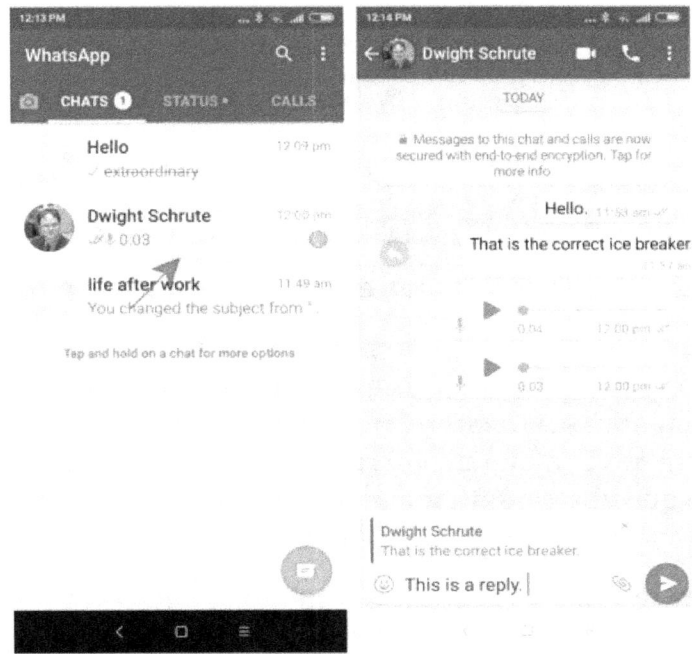

LIRE LES REÇUS

Comment puis-je voir si mon ami a lu mon message ou non?

Lorsque vous envoyez un message, votre message affichera une petite coche à côté et après quelques secondes une deuxième coche apparaîtra. La première coche indique que votre message a été envoyé depuis votre téléphone. La deuxième coche indique que votre contact a reçu votre message. Lorsque votre ami lit le message, les tiques deviennent bleues.

Sur votre iPhone, vous pouvez connaître l'heure à laquelle vous envoyez le message, l'heure à laquelle votre ami reçoit le message et l'heure à laquelle votre ami a reçu le message en appuyant longuement sur le message Pour lequel vous avez besoin de ces informations. Dans le menu qui apparaît, cliquez sur le bouton avec la lettre i dans un cercle. Cela vous mènera à la page d'informations sur le message où vous pouvez voir quand votre message a été envoyé, quand le message a été reçu et quand votre ami a lu votre message.

Sur votre téléphone Android, maintenez le message Pour lequel vous souhaitez obtenir des informations. Après avoir mis le message en surbrillance, une ligne verte apparaît en haut de l'écran avec un menu à 3 boutons en haut à droite de l'écran. Cliquez sur le menu à 3 boutons en haut à droite de l'écran et cliquez sur «info» Cela prendra vous à l'écran où vous pouvez voir l'heure à laquelle le message a été envoyé, l'heure à laquelle le message a été reçu et l'heure à laquelle le message a été lu.

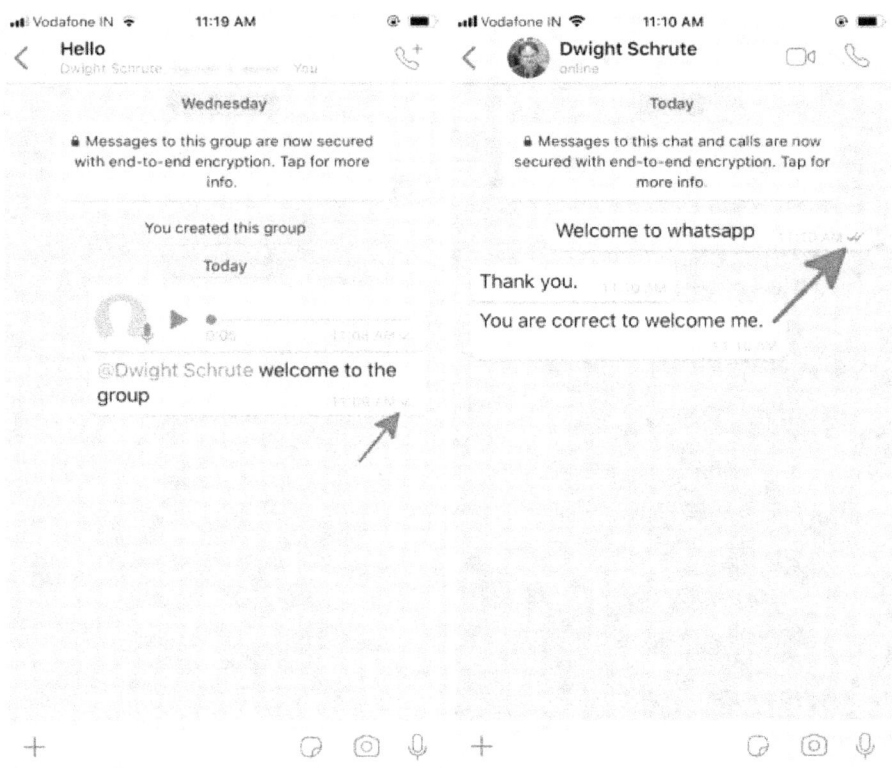

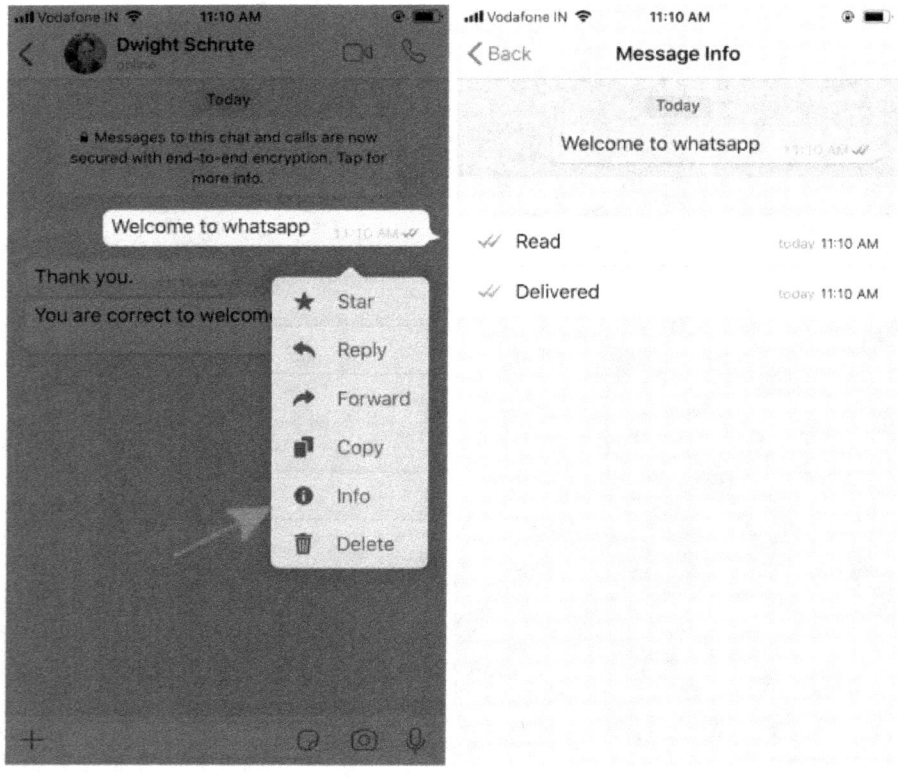

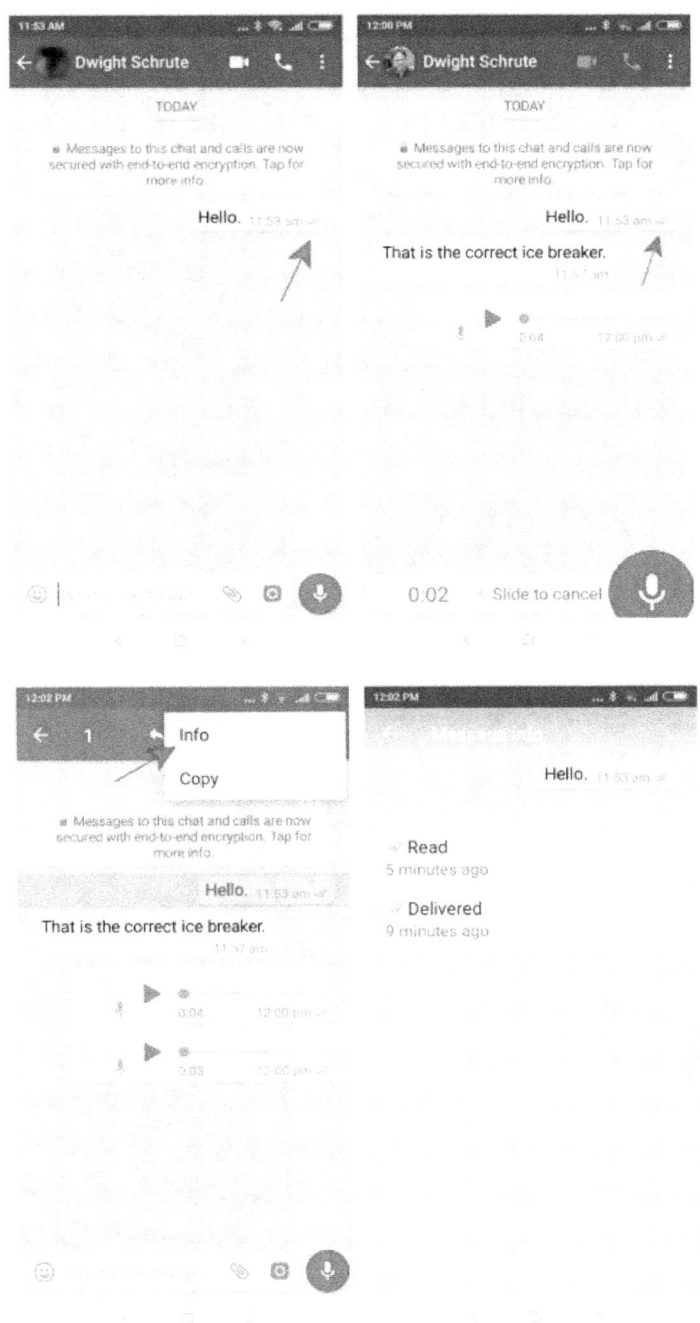

Maintenant, votre ami ne peut pas vous donner une excuse Pour ne pas voir votre message lorsque vous lui avez demandé d'être à l'heure et d'apporter des collations Pour votre fête à la maison !!

MASQUER LES CONFIRMATIONS DE LECTURE

Je ne veux pas révéler si j'ai lu un message WhatsApp ou non. Comment je fais ça?

Vous pouvez modifier les paramètres de coche bleue de Whats-App afin que la personne qui envoie le message ne voit pas si vous avez lu le message qu'elle vous a envoyé. Malheureusement, lorsque vous faites cela, vous ne pouvez pas non plus voir si quelqu'un a lu les messages que vous avez envoyés.

Pour désactiver les confirmations de lecture sur votre iPhone, cliquez sur le bouton des paramètres en bas de l'écran puis sur le bouton «Compte». Cliquez ici sur le bouton «Confidentialité» et faites défiler jusqu'à «Lire les reçus» Décochez la case Pour le désactiver.

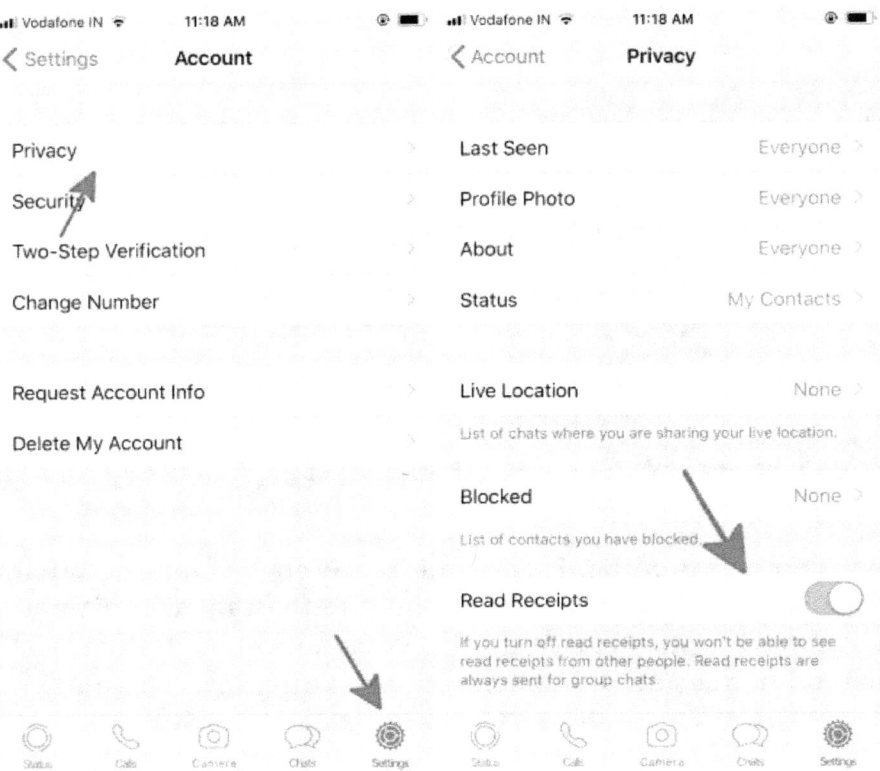

Pour désactiver les confirmations de lecture sur votre smart-phone Android, cliquez sur le bouton Paramètres en bas de l'écran puis sur le bouton «Compte». Cliquez ici sur le bouton «Confidentialité» et faites défiler jusqu'à «Lire les reçus» Déco-chez la case Pour le désactiver.

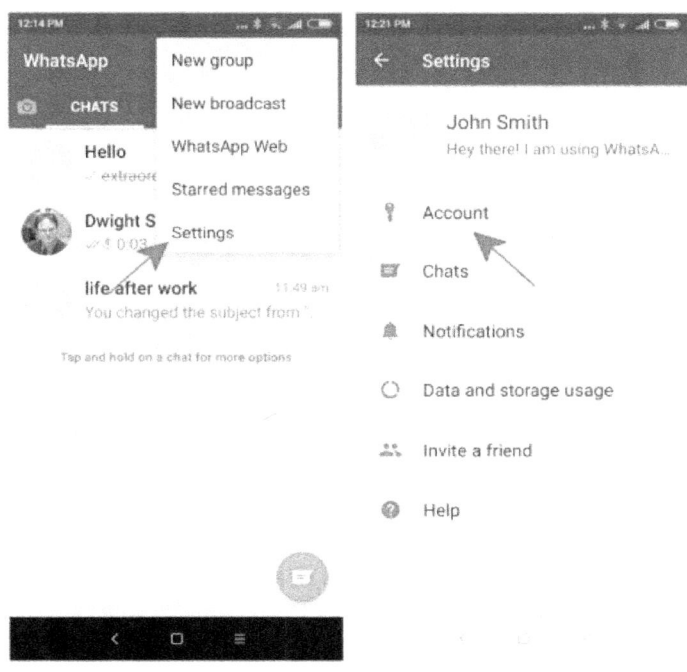

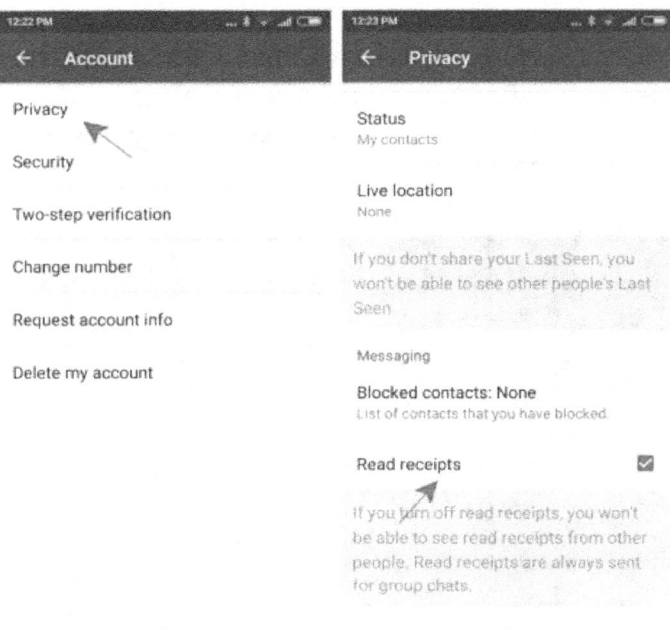

CACHER LA DERNIÈRE FOIS EN LIGNE

Existe-t-il un moyen de protéger davantage ma vie privée?

WhatsApp dispose d'une fonctionnalité appelée Last Seen qui diffuse l'heure à laquelle vous étiez en ligne Pour la dernière fois sur WhatsApp. Pour protéger davantage votre vie privée, vous pouvez désactiver cette option dans les paramètres de confidentialité comme décrit ci-dessus. Encore une fois, comme les accusés de lecture, une fois que vous désactivez la fonction Dernière vue, vous ne pouvez pas voir l'heure de dernière consultation de vos contacts.

Pour régler la dernière vue sur votre iPhone, cliquez sur le bouton des paramètres en bas de l'écran puis sur le bouton «Compte». Cliquez ici sur le bouton «Confidentialité» et faites défiler jusqu'à Dernière vue. Vous pouvez choisir parmi 3 options:

1. Tout le monde: Ici, tout le monde peut voir l'heure à laquelle vous étiez en ligne Pour la dernière fois sur WhatsApp

2. Contacts: Ici, seuls les contacts enregistrés sur votre téléphone peut voir quand vous étiez en ligne Pour la dernière fois sur WhatsApp

3. Personne: Cela désactive la fonction Dernière vue qui garantit que personne ne peut voir l'heure à laquelle vous étiez en ligne sur WhatsApp

VANSHDEEP MADAN

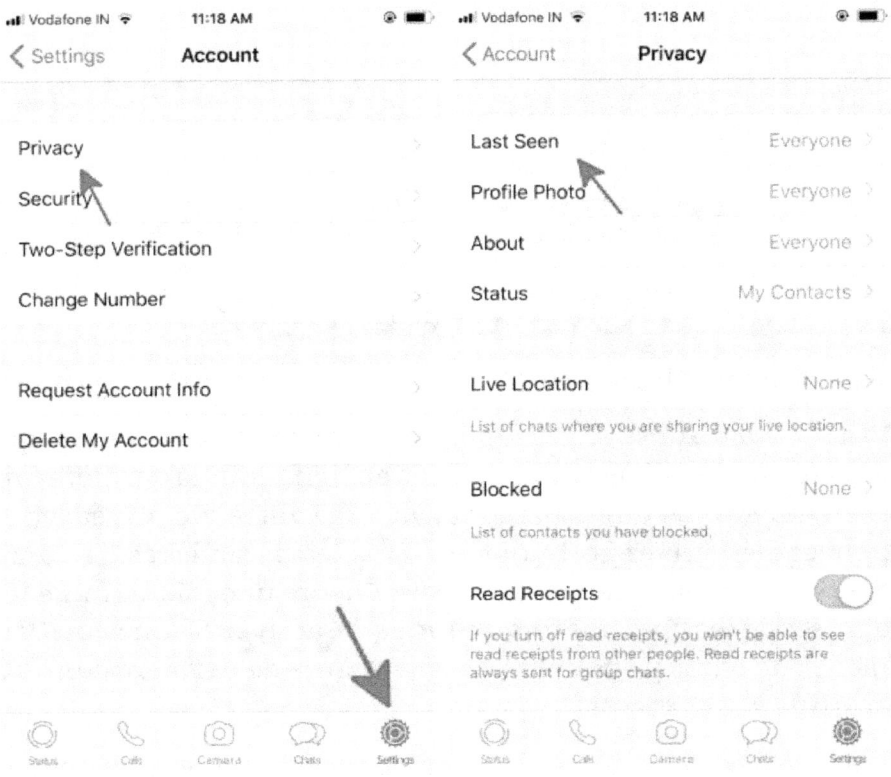

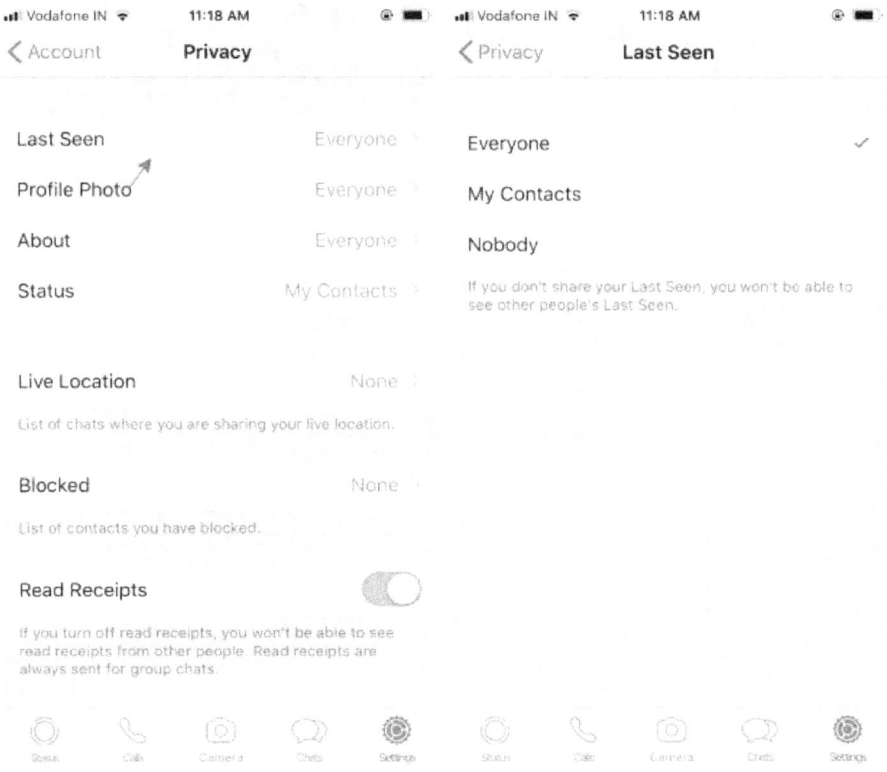

Pour la dernière fois Pour définir la dernière vue sur votre smartphone Android, cliquez sur le bouton Paramètres derrière le bouton 3 points en haut à droite de l'écran puis sur le bouton «Compte». Cliquez ici sur le bouton «Confidentialité» et faites défiler jusqu'à «Dernière vue» Vous pouvez choisir parmi 3 options:

1. Tout le monde: Ici, tout le monde peut voir l'heure à laquelle vous étiez en ligne Pour la dernière fois sur WhatsApp

2. Contacts: Ici, seuls les contacts enregistrés sur votre téléphone peut voir quand vous étiez en ligne Pour la dernière fois sur WhatsApp

3. Personne: Cela désactive la fonction Dernière vue qui garantit que personne ne peut voir l'heure à laquelle vous étiez en ligne Pour la dernière fois sur WhatsApp

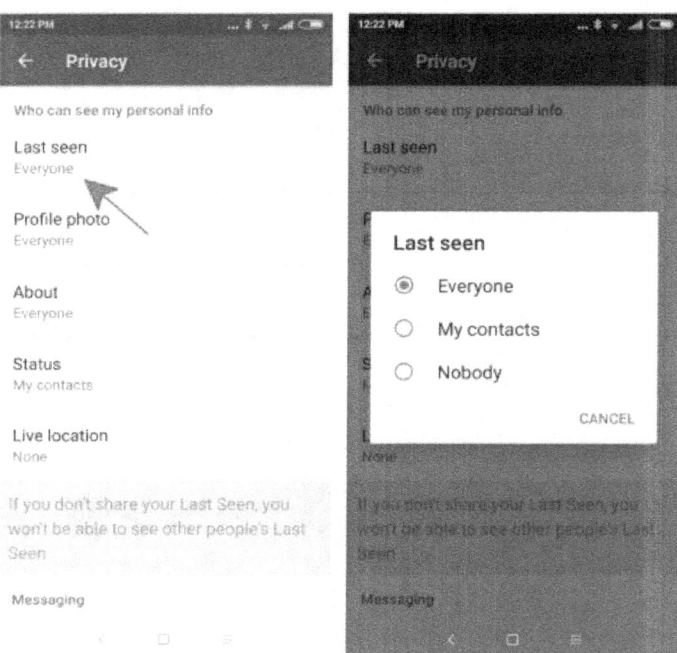

ENVOI DE PHOTOS, DE VIDÉOS ET BIEN PLUS ENCORE

Ok afin que je puisse envoyer des messages texte Pour gratuit sur WhatsApp. Puis-je envoyer des photos ou des vidéos? Que puis-je envoyer d'autre via WhatsApp?

Oui, vous pouvez envoyer des photos et des vidéos via WhatsApp. En fait, vous pouvez envoyer tout ce qui suit via un message WhatsApp:

1. Photos et vidéos
2. Message vocal
3. Documents
4. Emoji, GIF et autocollants
5. Contact
6. Emplacement

Voyons comment vous pouvez tout envoyer ce qui précède

1. Photos et vidéos

Sur votre iPhone, vous pouvez envoyer des photos et des vidéos de deux manières.

Tout d'abord, vous pouvez cliquer sur le bouton de la caméra à droite de la boîte de discussion. Cela ouvrira la caméra. Ici, vous pouvez soit prendre une vidéo ou une photo, soit sélectionner une photo ou une vidéo dans la galerie de votre téléphone. La

photo ou la vidéo sélectionnée ou prise sera alors immédiatement envoyée à votre ami.

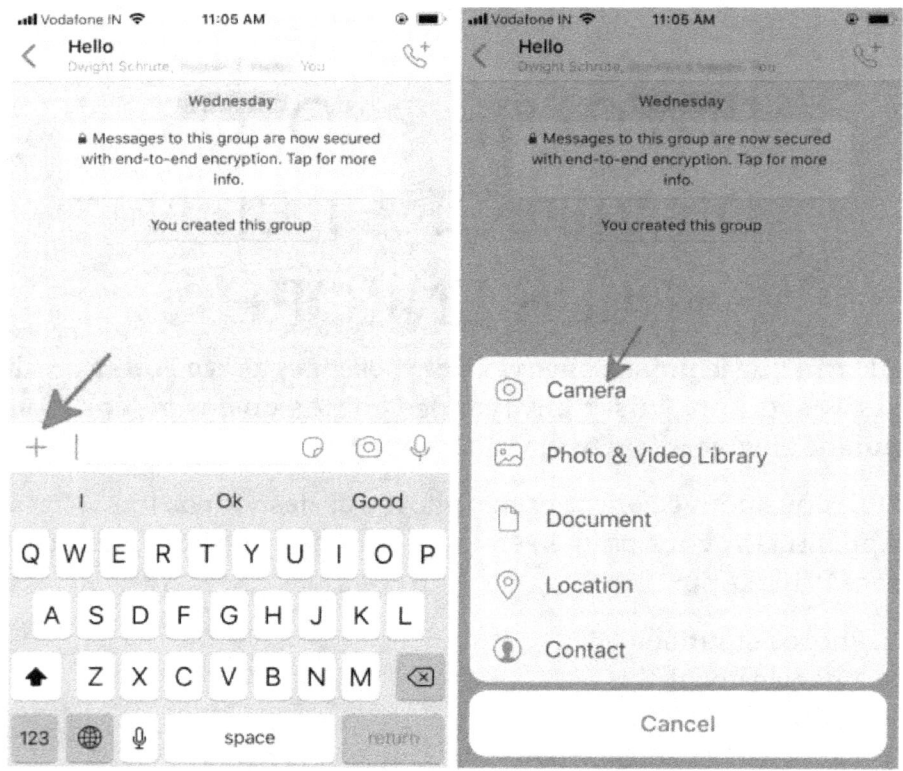

Deuxièmement, vous pouvez cliquer sur le bouton «+» à gauche
de la boîte de discussion et sélectionner «Photos et vidéos»
dans le menu. Cela vous permettra de sélectionner une photo ou
une vidéo de votre galerie à envoyer à votre ami.

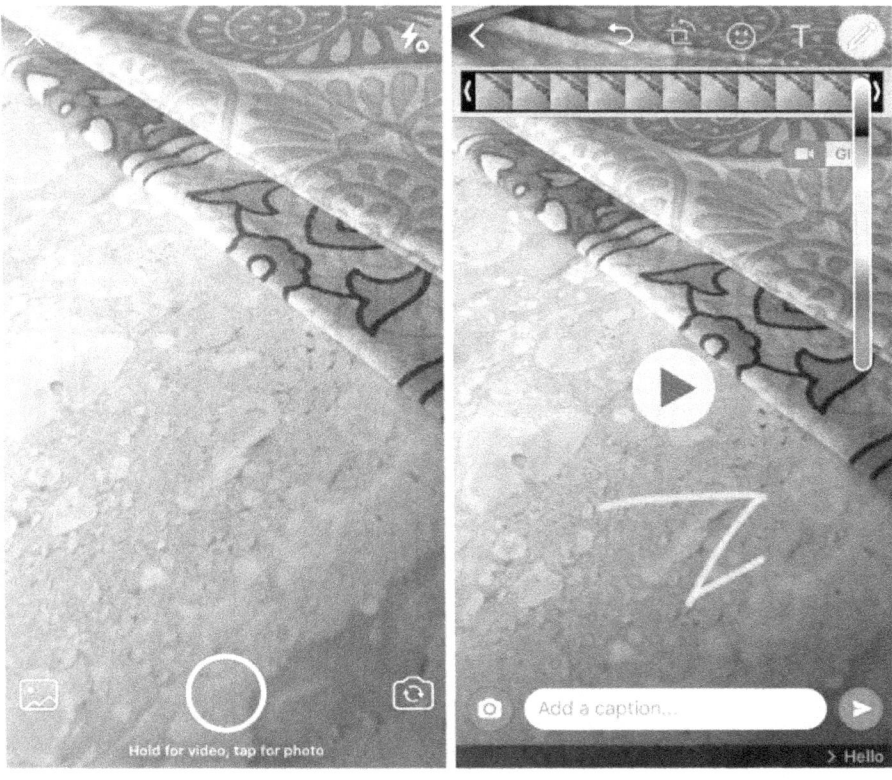

De même, sur votre smartphone Android, vous pouvez envoyer des photos et des vidéos de deux manières.

Tout d'abord, vous pouvez cliquer sur le bouton de la caméra à droite de la boîte de discussion. Cela ouvrira la caméra. Ici, vous pouvez soit prendre une vidéo ou une photo, soit sélectionner une photo ou une vidéo dans la galerie de votre téléphone. La photo ou la vidéo sélectionnée ou prise sera alors immédiatement envoyée à votre ami.

Deuxièmement, vous pouvez cliquer sur le bouton trombone à droite de la boîte de discussion et sélectionner «Galerie» dans le menu. Cela vous permettra de sélectionner une photo ou une vidéo de votre galerie à envoyer à votre ami.

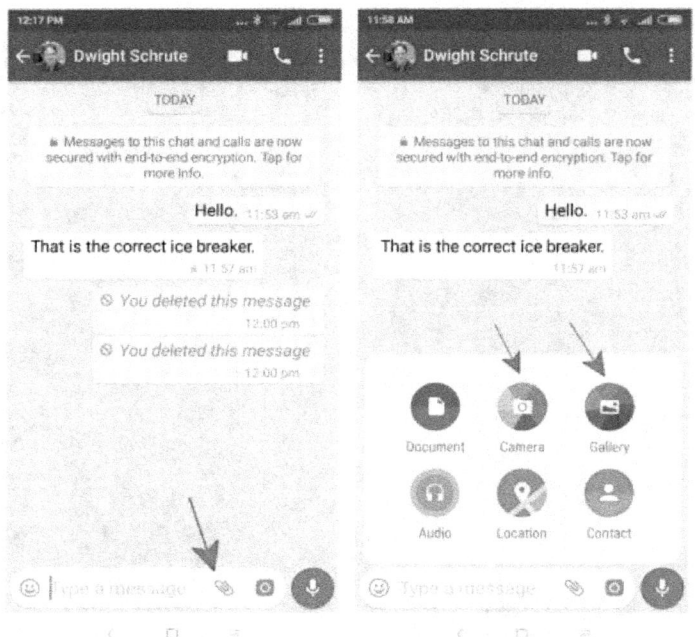

2. MESSAGE VOCAL

Si vous voulez envoyer un message très long et que vous ne voulez pas le saisir, vous pouvez envoyer un message vocal à la place.
iPhone:

Sur votre iPhone, vous envoyez un message vocal en appuyant sur le bouton du microphone à droite de la boîte de discussion et en le maintenant enfoncé. Dès que vous maintenez le bouton enfoncé, le message commence à enregistrer et il continue jusqu'à ce que vous lâchiez le bouton.

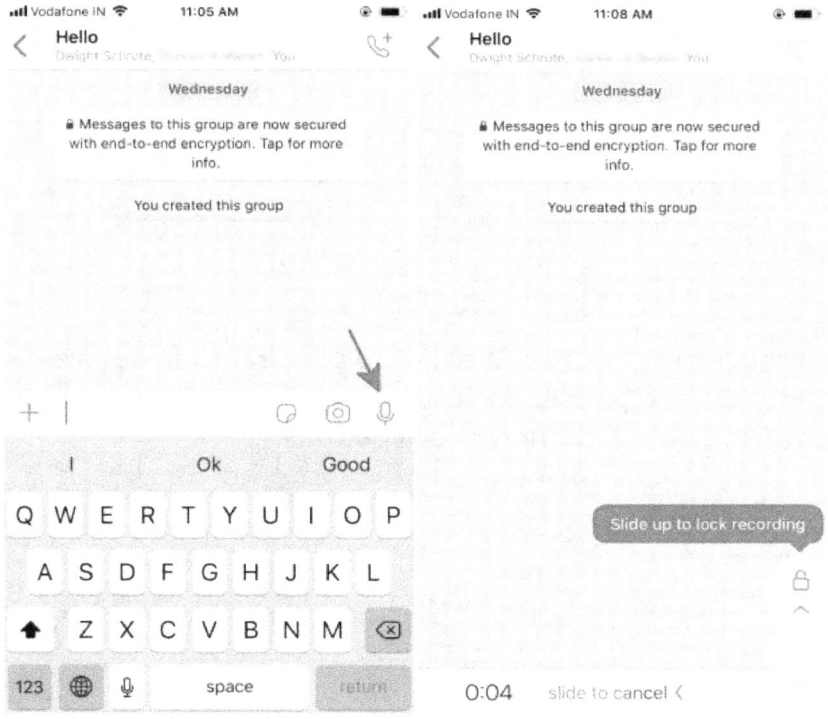

Android:

Sur votre smartphone Android Pour envoyer un message vocal, vous devez appuyer et maintenir le bouton vert du microphone à droite de la boîte de chat. Dès que vous maintenez le bouton enfoncé, le message commence à enregistrer et il continue jusqu'à ce que vous lâchiez le bouton. Ce message vocal est envoyé sur le même écran de discussion que vos messages texte.

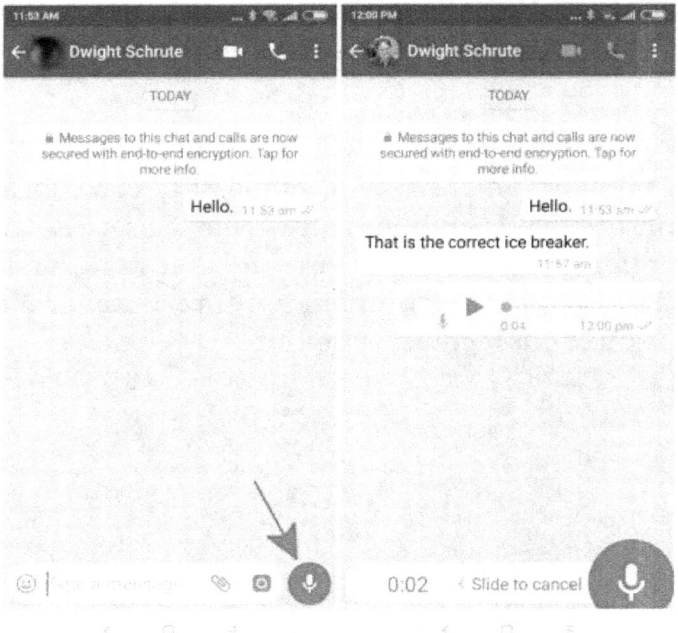

Avec les messages vocaux, WhatsApp s'assure qu'en dehors des muscles de votre pouce, vos muscles vocaux sont également fléchis lorsque vous discutez avec vos amis!

3. DOCUMENTS

Vous pouvez envoyer n'importe quel document via WhatsApp. WhatsApp prend en charge tous les types de fichiers avec une taille limite de 100 Mo. Les types de fichiers que vous pouvez envoyer incluent .xls, .ppt, .doc, .pdf, .mp4 et .mp3

Ainsi, vous pouvez envoyer tous les fichiers texte, fichiers audio, fichiers vidéo et fichiers d'application.

iPhone:

Pour envoyer ces fichiers sur votre iPhone, cliquez sur le bouton «+» à gauche de la boîte de discussion et sélectionnez le bouton «Partager des documents». À partir de là, vous pouvez sélectionner des fichiers enregistrés sur votre iPhone ou stockés sur votre stockage cloud comme iCloud, Google Drive, Dropbox ou OneDrive

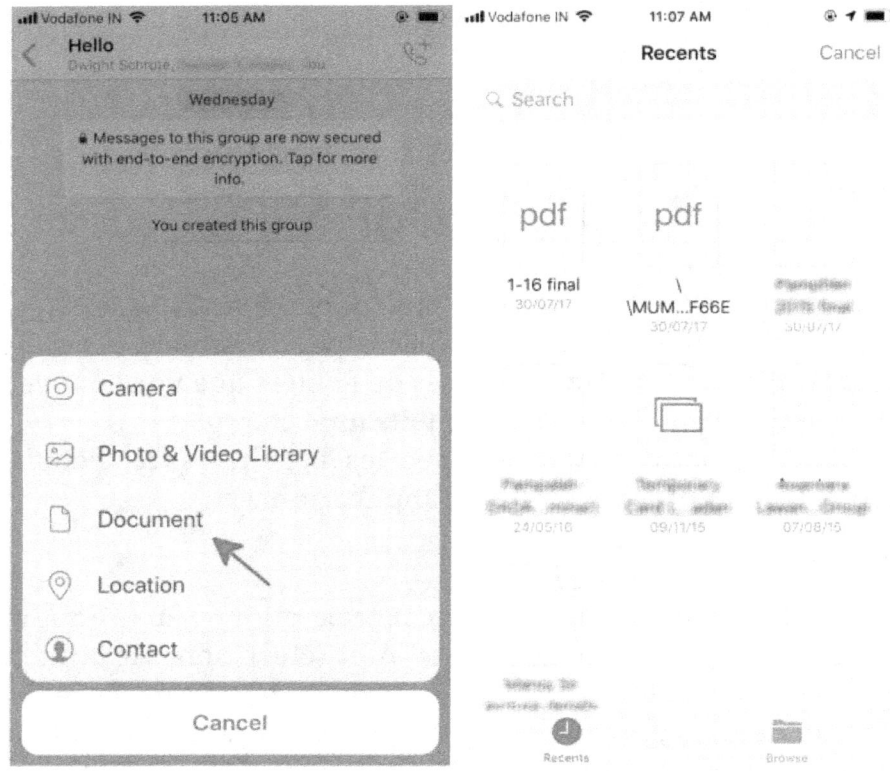

Android:

Pour envoyer les fichiers sur votre smartphone Android, cliquez sur le bouton trombone à droite de la boîte de discussion et sélectionnez le bouton "Document" à partir d'ici, vous pouvez sélectionner n'importe quel fichier sur votre téléphone Android à partager.

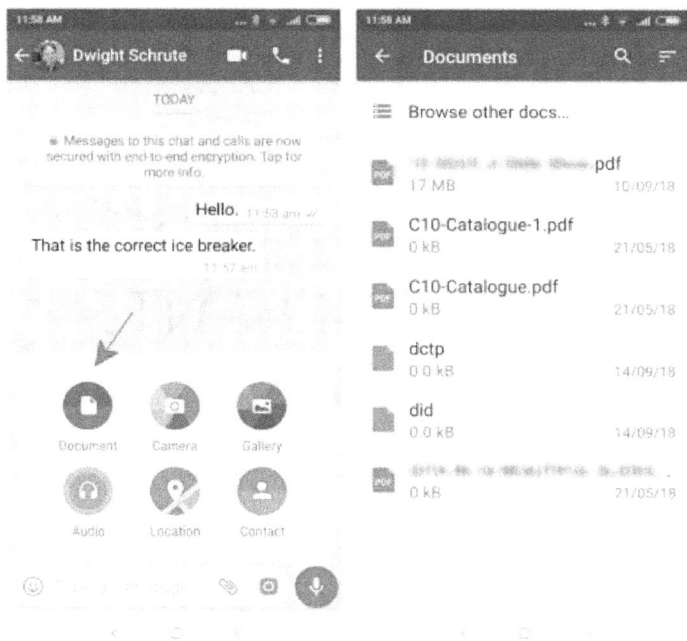

Vous n'avez plus à envoyer par e-mail les documents de vos amis, vous pouvez le faire directement via WhatsApp. En fait, vous pouvez transférer des documents de votre téléphone vers votre ordinateur en utilisant également WhatsApp Web et le partage de documents.

4. EMOJI, GIF ET AUTOCOLLANTS

Parfois, les mots ne suffisent pas Pour exprimer les émotions que vous ressentez et avez besoin d'une manière différente d'exprimer ces émotions. C'est là que les Emoji, les GIF et les autocollants entrent en scène! Les émojis sont des smileys ou des symboles utilisés Pour indiquer les expressions faciales, la météo, les animaux, les lieux, etc. Les
GIF sont de courtes vidéos qui peuvent également être utilisées Pour exprimer la même chose tandis que les autocollants sont simplement des formes plus grandes et plus élaborées d'émojis

iPhone:

Pour utiliser ces formes de création expression sur votre iPhone appuyez sur la boîte de discussion Pour ouvrir le clavier et cliquez sur le bouton smiley en bas à gauche du clavier. Cela vous mènera au menu emoji où vous sélectionnez les emoji, GIF ou autocollants que vous souhaitez envoyer.

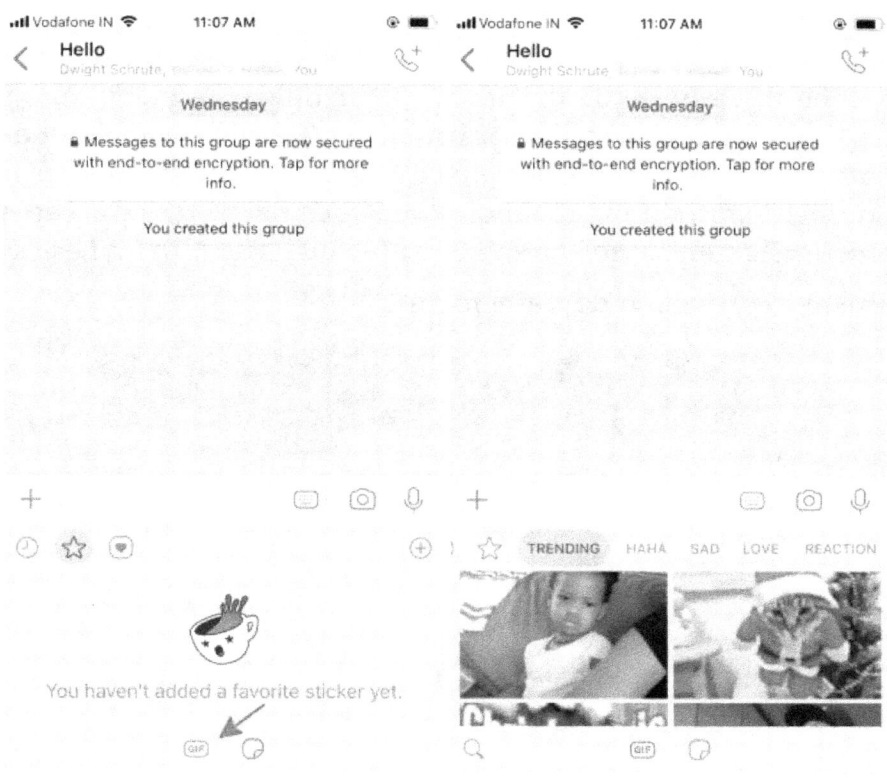

Android:

Sur votre téléphone Android, cliquez sur le visage souriant à gauche de la boîte de discussion Pour ouvrir le menu emoji. Ici, vous pouvez sélectionner l'emoji, le GIF ou l'autocollant de votre choix. Vos emojis les plus utilisés sont enregistrés sur le premier écran du menu emoji Pour vous permettre d'accéder plus facilement à vos emojis les plus utilisés. Alors n'hésitez plus et exprimez-vous pleinement!

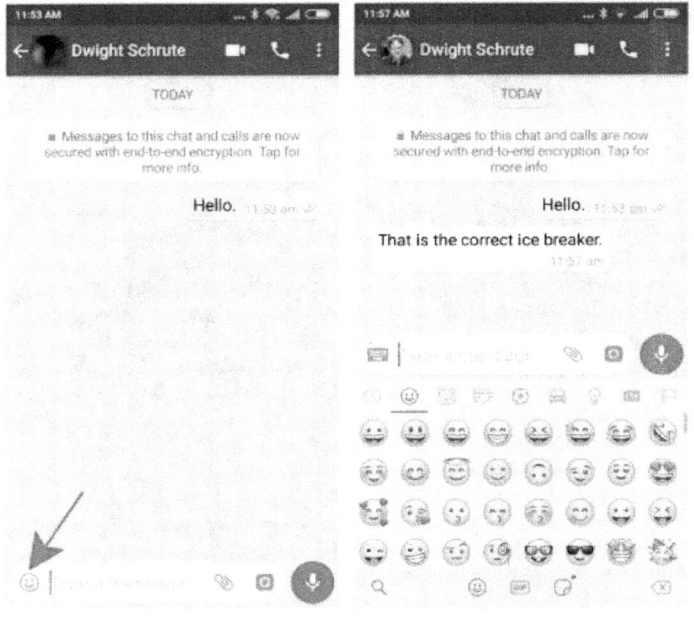

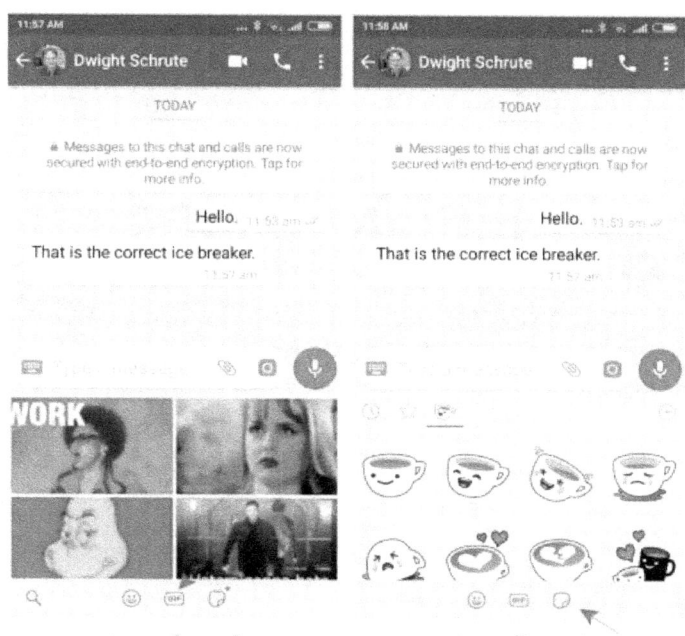

5. CONTACTS

L'un des éléments les plus utiles que vous pouvez partager via WhatsApp est les informations de contact. Vous pouvez partager n'importe quel contact stocké dans votre répertoire téléphonique directement dans la fenêtre de discussion. Whats-App permet au destinataire d'envoyer immédiatement un message à ce contact ou d'enregistrer le contact dans son répertoire téléphonique.

iPhone:

Pour partager des contacts sur votre iPhone, cliquez sur le «+» à gauche de la fenêtre de discussion et sélectionnez «Contacts» À partir de là, vous pouvez rechercher et sélectionner tous les contacts que vous souhaitez partager.

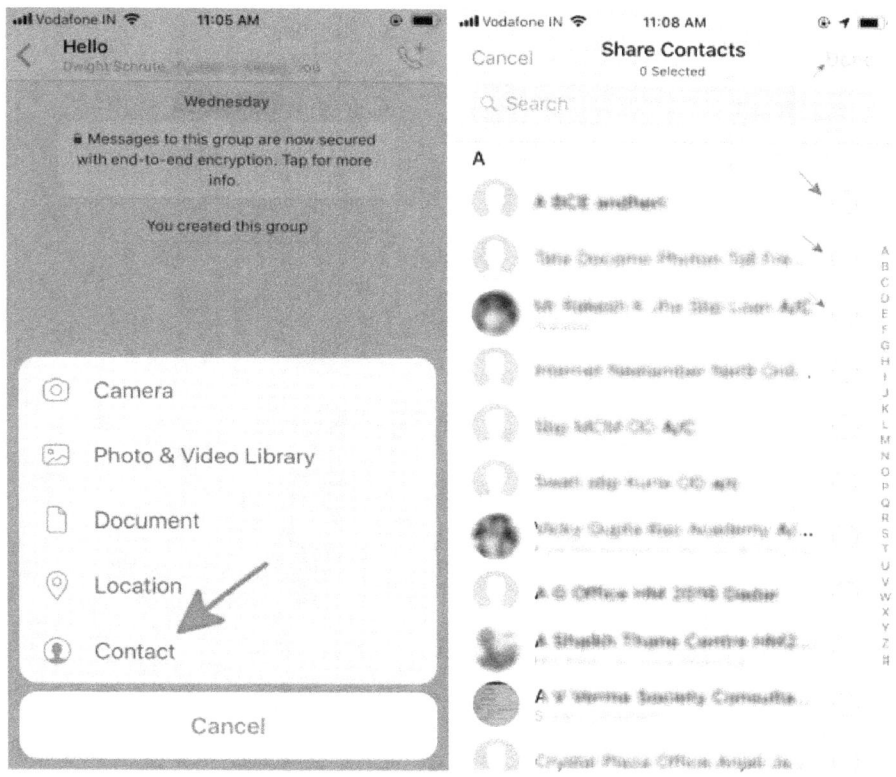

Android:

Pour partager des contacts sur votre téléphone Android, cliquez sur le bouton trombone à droite de la boîte de discussion et sélectionnez le bouton «Contact». Cela vous mènera à votre liste de contacts à partir de laquelle vous Pourrez sélectionner la liste des contacts que vous souhaitez partager.

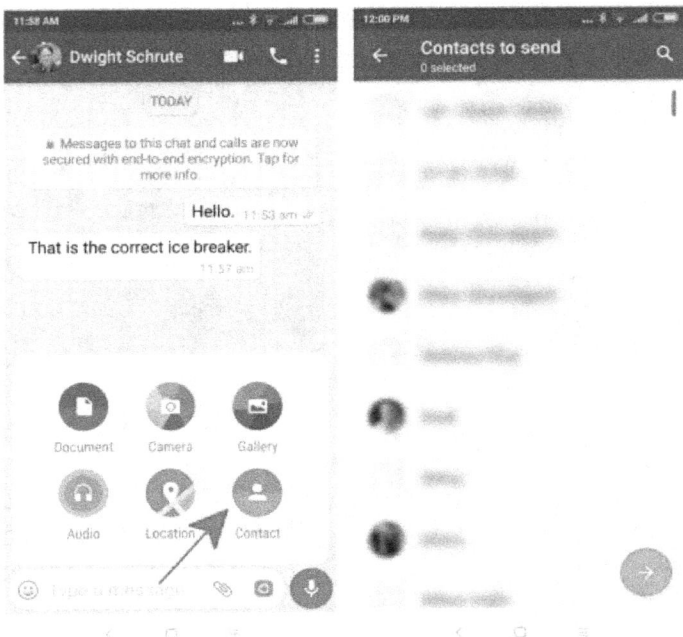

Je suis sûr que cela rend les sessions de réseautage ennuyeuses beaucoup plus faciles! Plus besoin de cartes de visite!

6. Emplacement

Vous êtes-vous déjà perdu en essayant de trouver la maison de votre ami ou le restaurant où tout le monde allait se retrouver? Vous n'avez plus à vous en soucier avec le partage de position.

Grâce au partage de position, vous pouvez partager votre position actuelle, votre position en direct ou la position d'un point de repère. Avec Live Location, votre ami peut suivre votre mouvement pendant une durée définie par vous. Maintenant, lorsque votre ami vous dit qu'il ou elle est à 15 minutes, vous pouvez réellement voir s'il ou elle dit la vérité!

iPhone:

Pour partager votre position sur votre iPhone, cliquez sur le bouton «+» à gauche de la boîte de discussion et cliquez sur le bouton «Emplacement». Ici, vous pouvez choisir de partager votre position actuelle, votre position en direct ou la position d'un point de repère à proximité. Une fois que vous avez sélectionné Live Location, vous pouvez sélectionner la durée pendant laquelle vous souhaitez partager votre position.

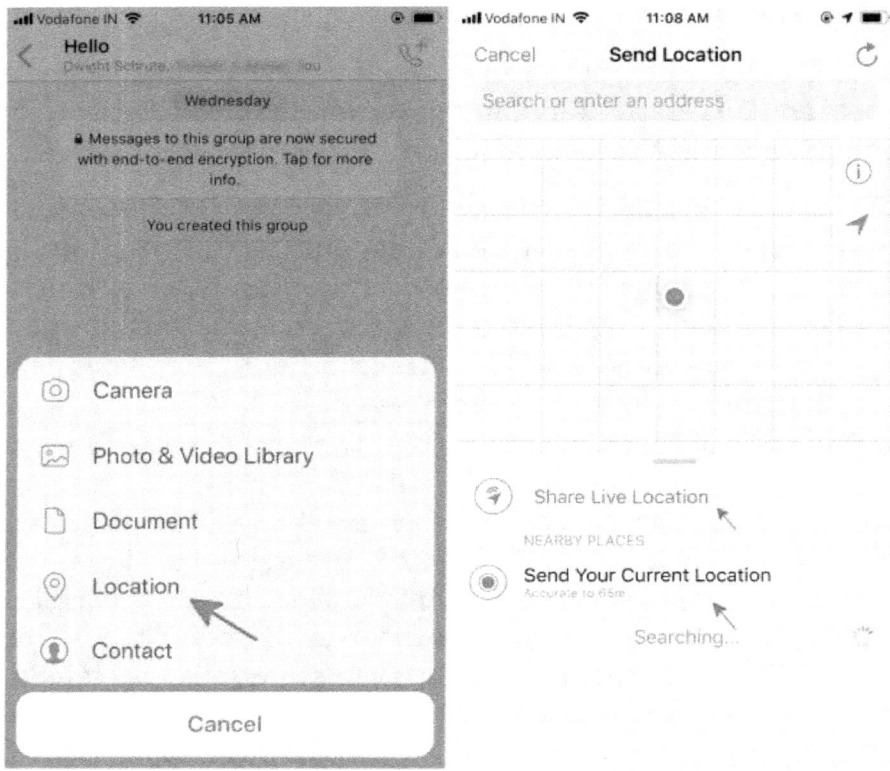

Android:

Pour partager votre position sur votre téléphone Android, cliquez sur le bouton trombone à droite de la boîte de discussion et sélectionnez le bouton «Localisation». À partir de là, vous pouvez choisir de partager votre position actuelle, votre position en direct ou la position d'un point de repère à proximité. Une fois que vous avez sélectionné Live Location, vous pouvez sélectionner la durée pendant laquelle vous souhaitez partager votre position. Ne perdez plus jamais votre chemin!

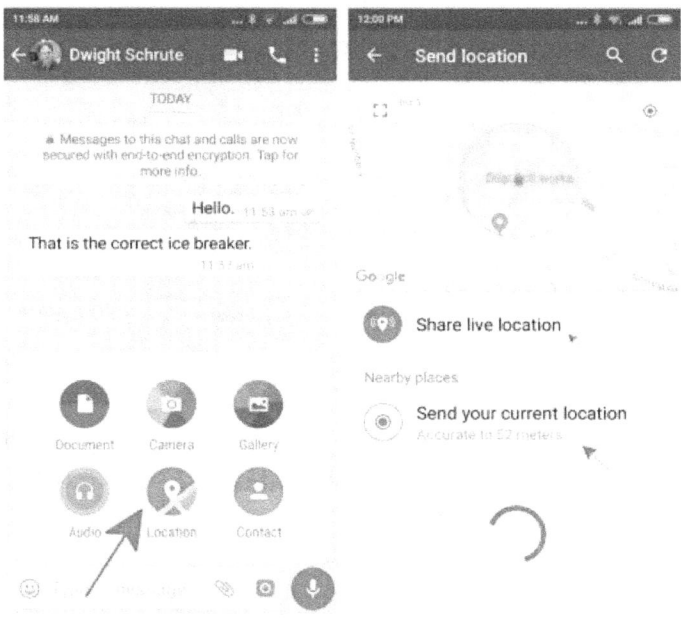

COMMENT SUPPRIMER, RÉPONDRE ET TRANSFÉRER DES MESSAGES?

iPhone:

Sur votre iPhone Pour supprimer un message que vous avez envoyé, maintenez le message enfoncé. Dans le menu qui apparaît, sélectionnez le bouton «Supprimer». Cela vous donne une option Pour «Supprimer Pour vous» qui supprime uniquement le message Pour vous afin que le destinataire puisse voir le message ou Pour «Supprimer Pour tout le monde» afin que le message soit supprimé Pour tout le monde.

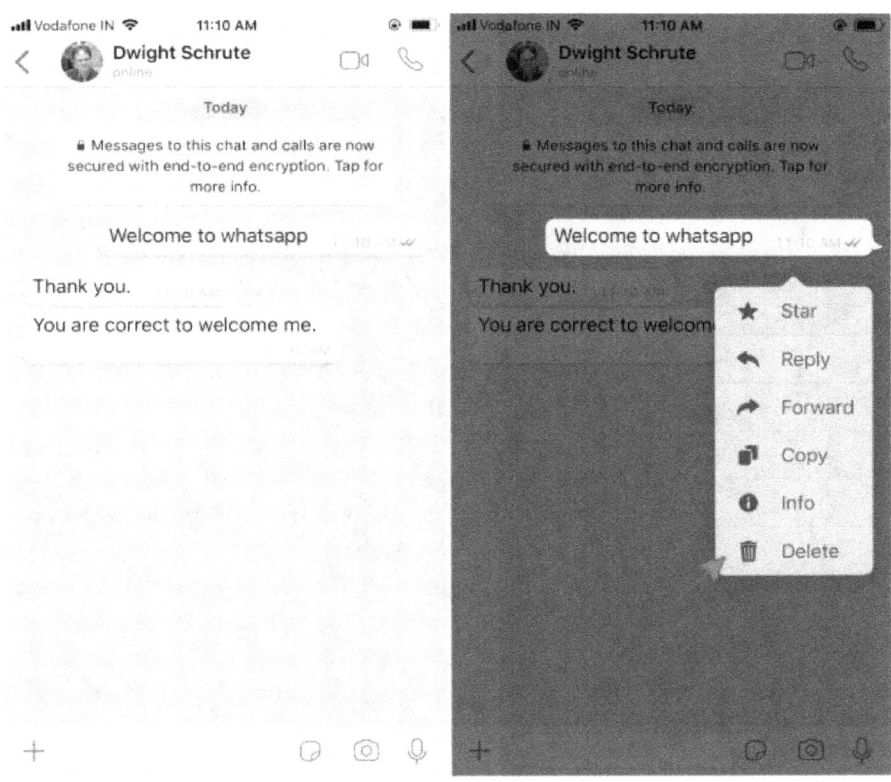

Vous pouvez répondre à des messages spécifiques en utilisant la fonction Répondre. Cela vous permet d'inclure le message auquel vous répondez dans votre réponse au message. Ceci est particulièrement utile dans la messagerie de groupe où plusieurs personnes envoient des messages en même temps. Pour utiliser la fonction de réponse sur votre iPhone, maintenez le message auquel vous souhaitez répondre. Sélectionnez le bouton «Répondre» dans le menu qui apparaît et tapez le message que vous souhaitez envoyer comme réponse.

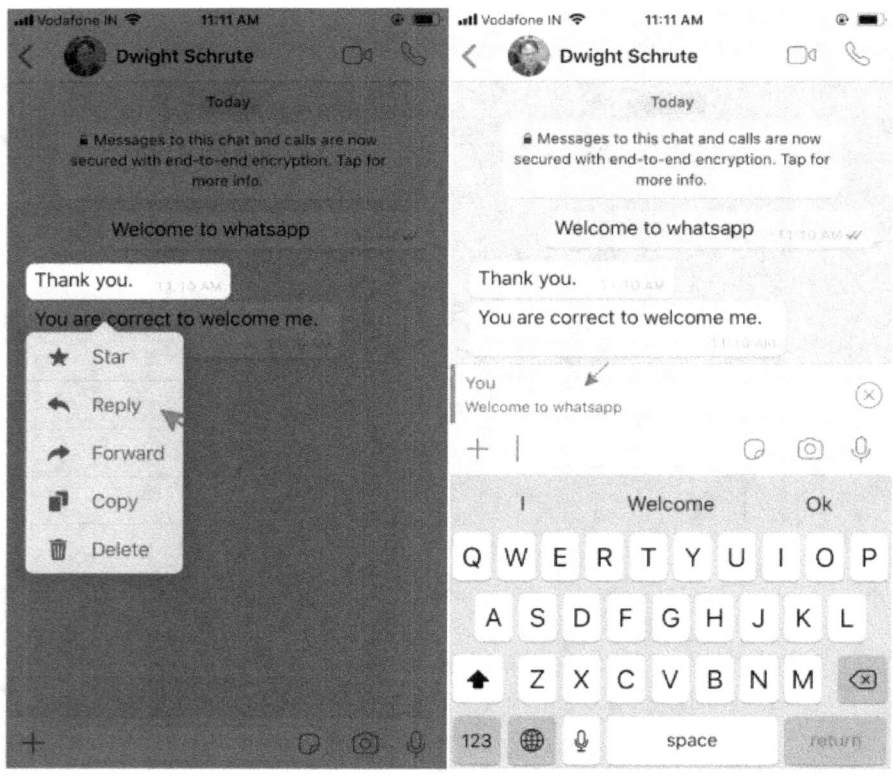

Pour transférer un message sur votre iPhone, appuyez et maintenez le message que vous souhaitez transférer. Sélectionnez «avant» dans le menu qui apparaît. Cela ouvrira vos contacts à qui vous pouvez transférer le message. Vous pouvez transférer votre message à 20 contacts à la fois si vous n'êtes pas en Inde. Si vous êtes en Inde, vous êtes limité à 5 contacts à la fois.

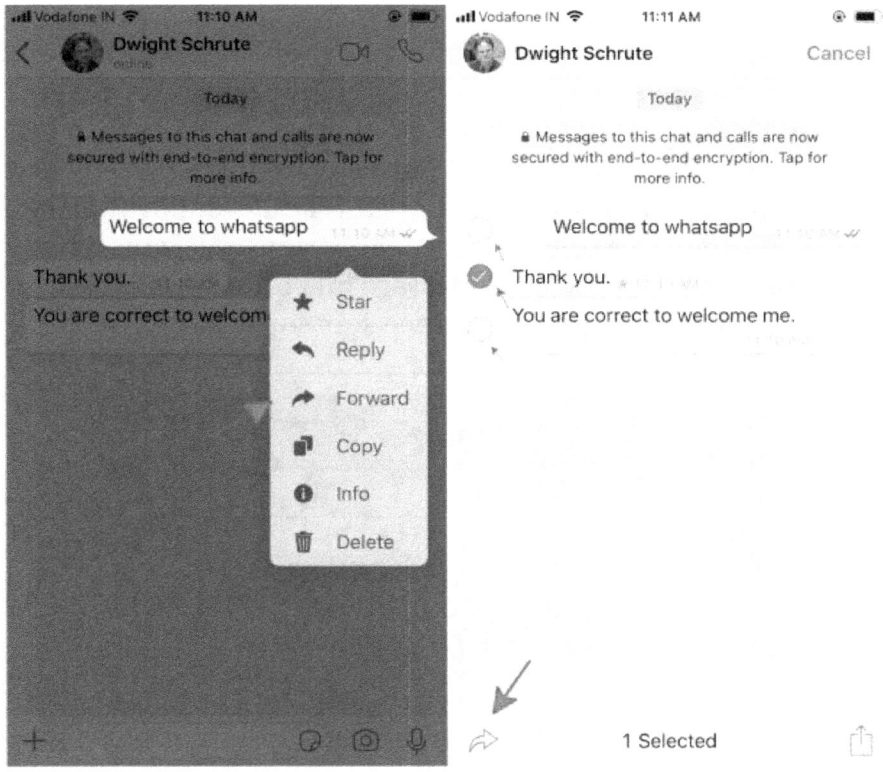

Android:

Pour supprimer un message sur votre smartphone Android, maintenez le message que vous souhaitez supprimer enfoncé. Cela révélera un menu en haut de l'écran. Cliquez sur le bouton poubelle Pour supprimer le message. Appuyer sur le bouton de la corbeille vous donne une option Pour «Supprimer Pour vous» qui supprime uniquement le message Pour vous afin que le destinataire puisse voir le message ou Pour «Supprimer Pour tout le monde» afin que le message soit supprimé Pour tout le monde.

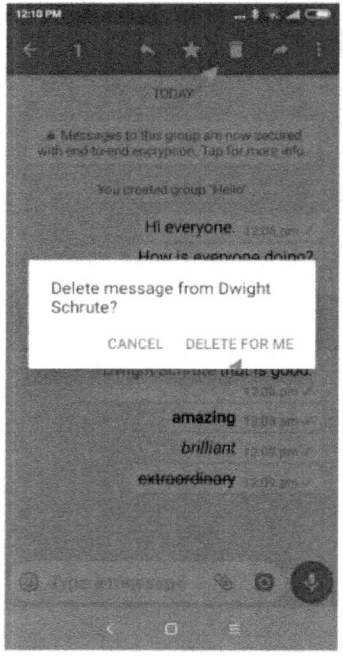 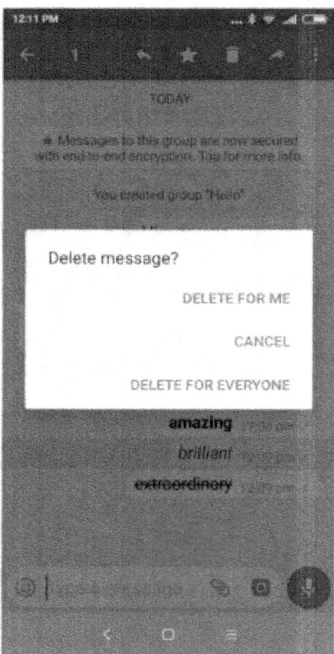

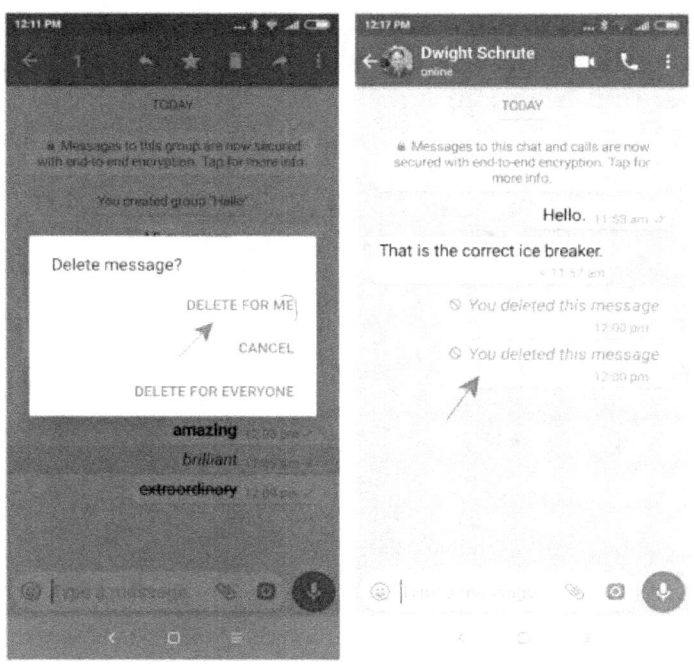

Pour utiliser la fonction de réponse sur votre smartphone Android, maintenez le message auquel vous souhaitez répondre. Cela révèle un menu en haut de l'écran. Cliquez sur la flèche pointant vers la gauche à gauche du menu Pour répondre au message.

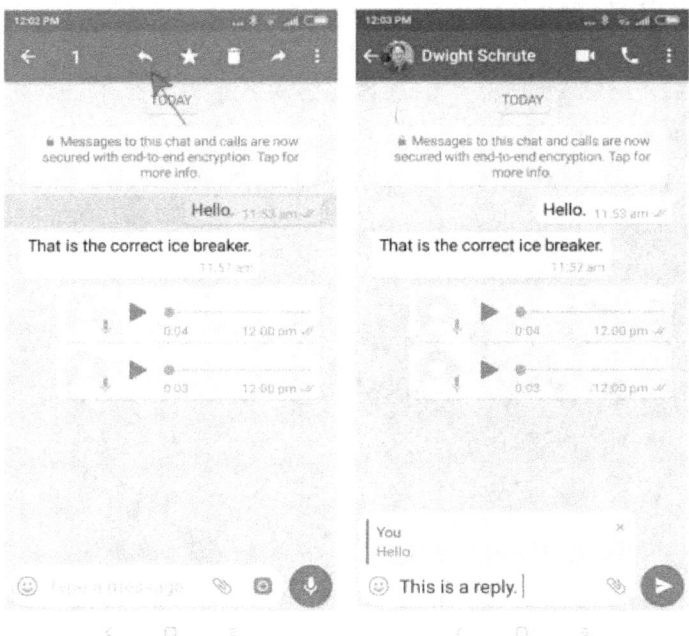

Pour transférer un message sur votre smartphone Android, appuyez et maintenez le message que vous souhaitez transférer. Cela révèle un menu en haut de l'écran. Sélectionnez le bouton fléché pointant vers la droite à droite du menu. Cela ouvre vos contacts auxquels vous pouvez transférer votre message. Vous pouvez transférer votre message à 20 contacts à la fois si vous n'êtes pas en Inde. Si vous êtes en Inde, vous êtes limité à 5 contacts à la fois.

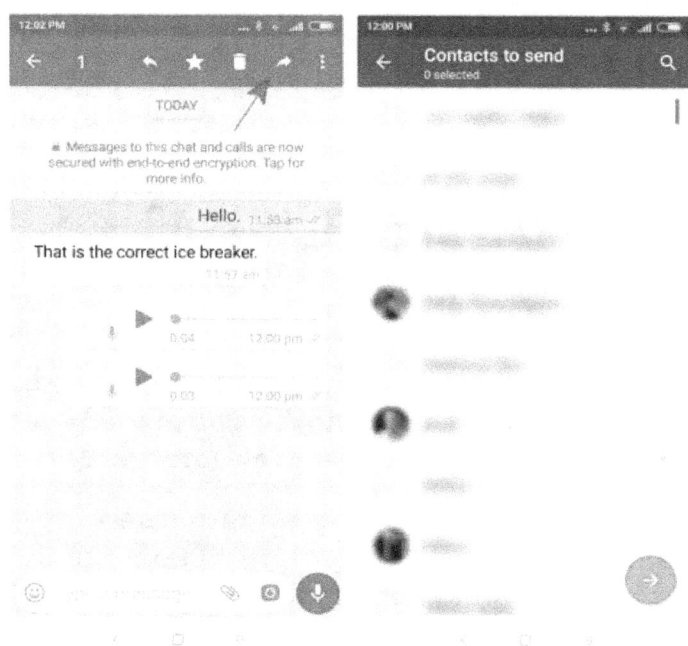

RECHERCHE DE MESSAGES

Mon ami a partagé des informations importantes il y a quelques mois. Existe-t-il un moyen Pour moi de rechercher ces informations et de les trouver dans notre chat?

Vous pouvez rechercher des messages dans n'importe quel chat de votre choix. Pour ce faire sur votre iPhone, commencez à taper les mots que vous souhaitez rechercher dans la barre de recherche de l'écran de discussion. Cela recherchera tous vos messages et vous donnera tous les messages avec les mots correspondants. Il affichera également les noms ou groupes de contacts avec le mot de requête.

Pour faire de même sur un smartphone Android, cliquez sur la loupe en haut à droite de l'écran Pour afficher la barre de recherche similaire à celle de l'iPhone. Tapez le mot que vous recherchez Pour obtenir des messages, des noms de contacts et des noms de groupes avec des requêtes correspondantes.

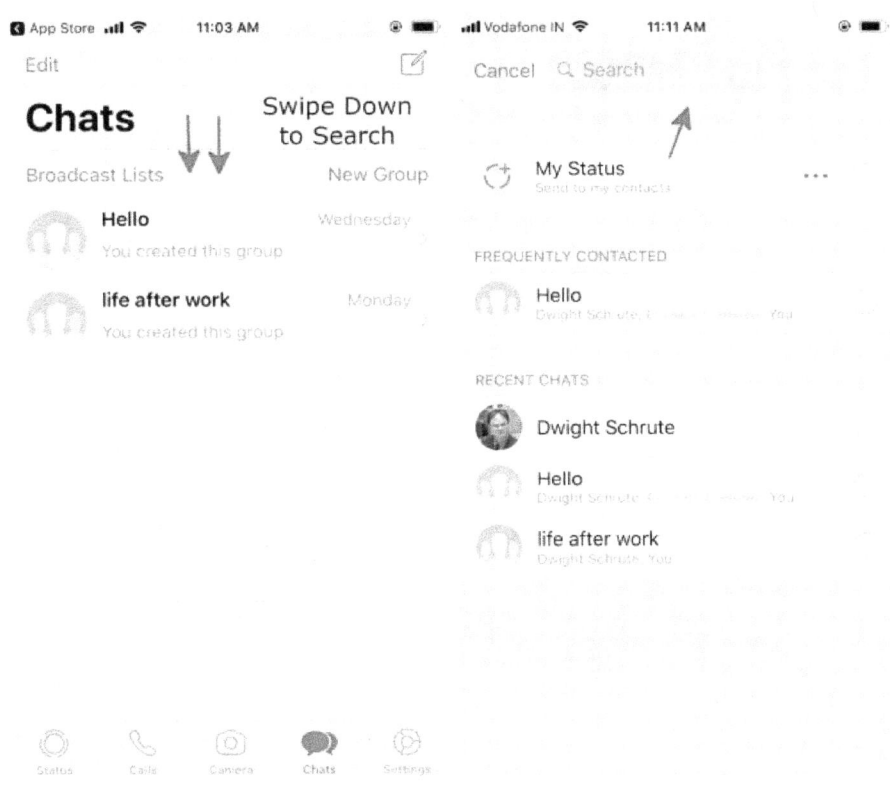

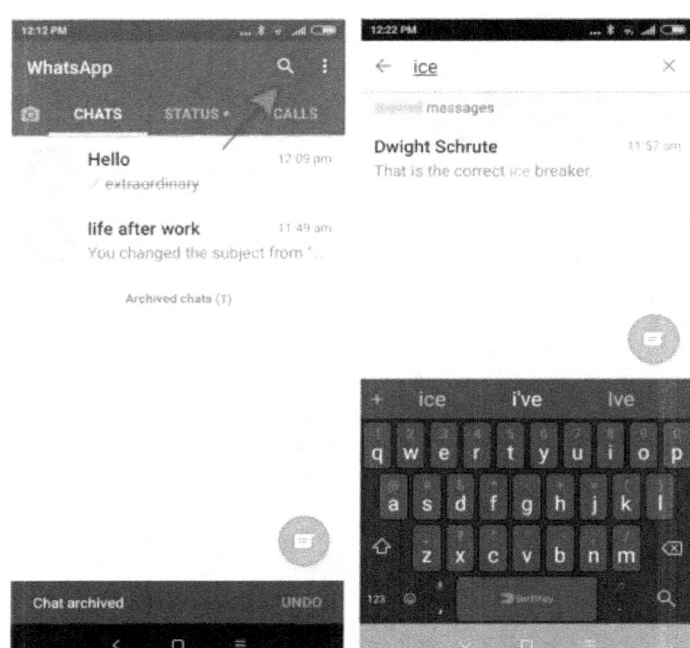

MESSAGES FAVORIS

Existe-t-il un moyen d'enregistrer des messages Pour ne pas avoir à rechercher le message dans une discussion?

Oui, vous pouvez «ajouter une étoile» à un message et y accéder plus tard dans le menu «Favoris». Appuyez et maintenez le message que vous souhaitez enregistrer. Sur votre iPhone, cliquez sur l'icône étoile dans le menu qui apparaît. De même sur votre smartphone Android, cliquez sur l'icône étoile du menu qui se révèle en haut de l'écran.

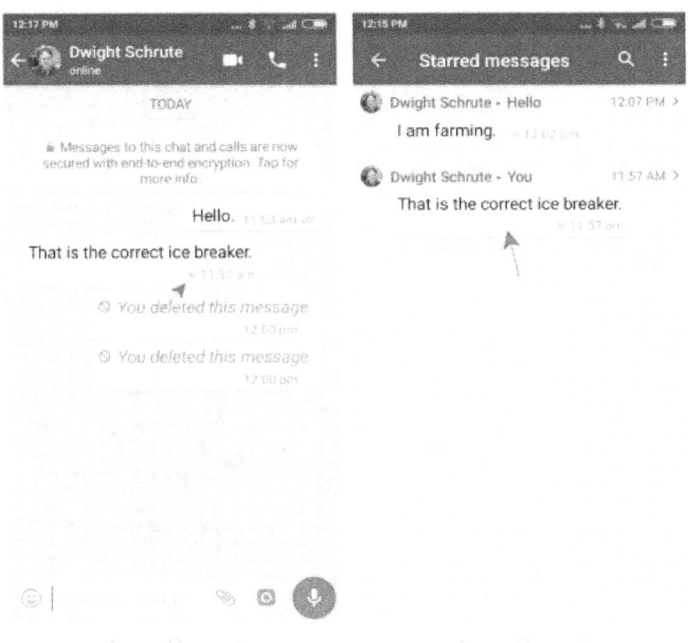

Pour voir les messages suivis sur votre iPhone, cliquez sur Paramètres en bas à droite de l'écran et cliquez sur le bouton «Messages suivis». Sur votre smartphone Android, cliquez sur le menu à 3 boutons en haut à droite de l'écran et cliquez sur le bouton «Messages favoris» Pour accéder à vos messages favoris.

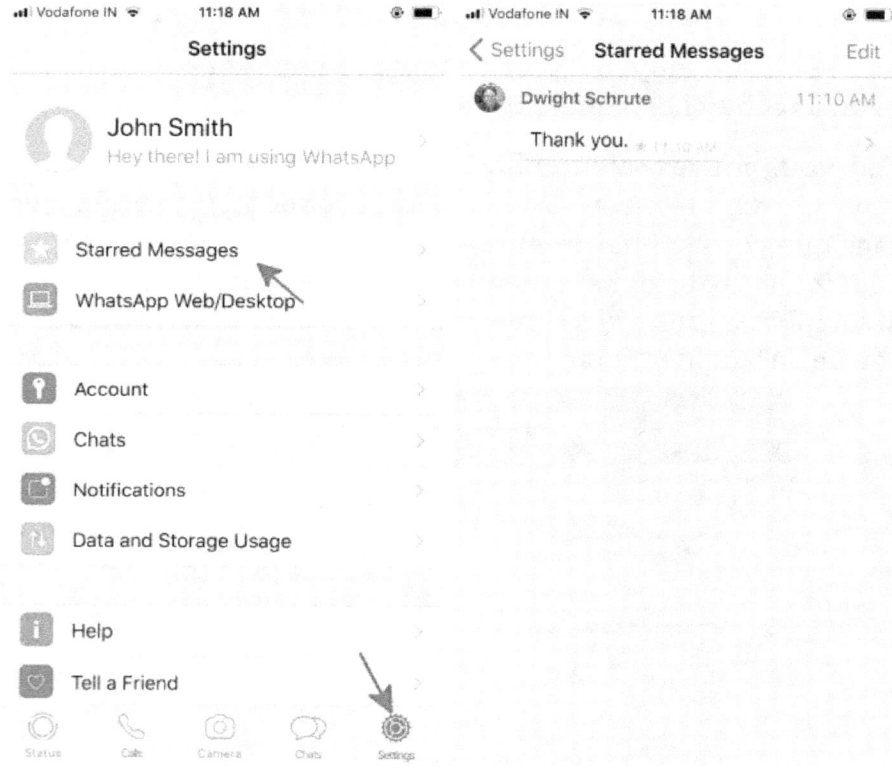

MODIFICATIONS DU TEXTE

Saviez-vous que vous pouvez modifier la façon dont le texte apparaît sur vos messages WhatsApp?

Vous pouvez mettre le texte en **gras** en plaçant simplement le texte entre * (Entrez le texte ici) *
Par exemple, si vous voulez mettre les mots WhatsApp Messenger en gras, vous l'écrivez comme * WhatsApp Messenger * Il s'affichera en tant que **messager WhatsApp**!

Vous pouvez rendre le texte en *italique* en plaçant simplement le texte entre _ (Entrez le texte ici) _
Par exemple, si vous voulez mettre les mots WhatsApp Messenger en italique, vous l'écrivez sous la forme _WhatsApp Messenger_, il s'affichera en tant que *messager WhatsApp*!

Vous pouvez faire le barrer en plaçant simplement le texte entre ~ (Entrez le texte ici) ~
Par exemple, si vous voulez mettre les mots WhatsApp Messenger en gras, vous l'écrivez comme ~ WhatsApp Messenger ~ Il s'affichera en tant que ~~messager WhatsApp~~!

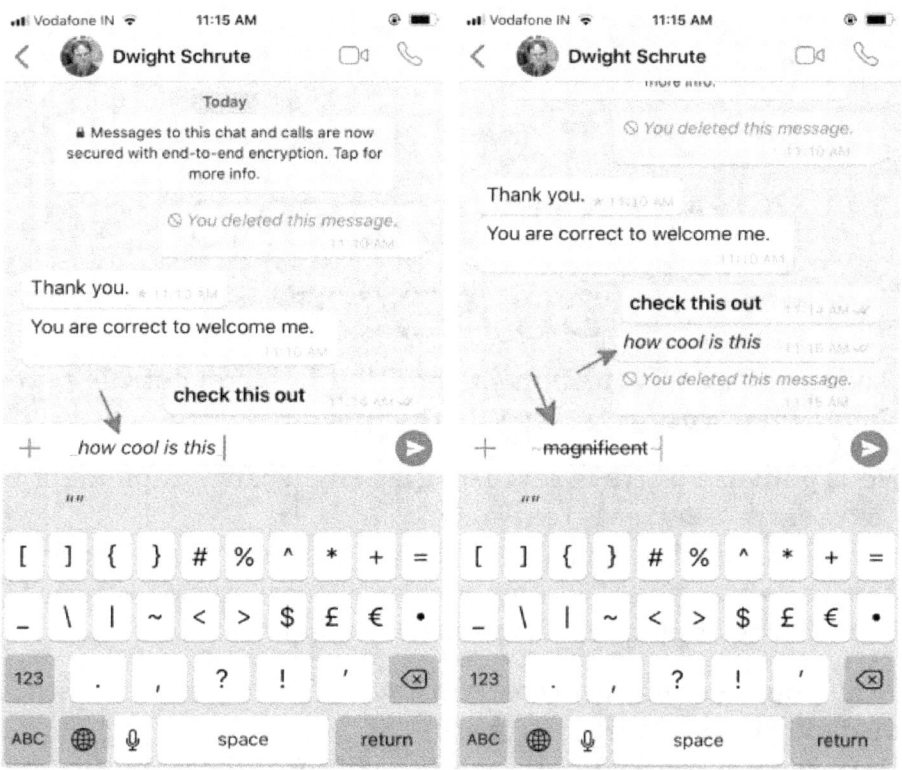

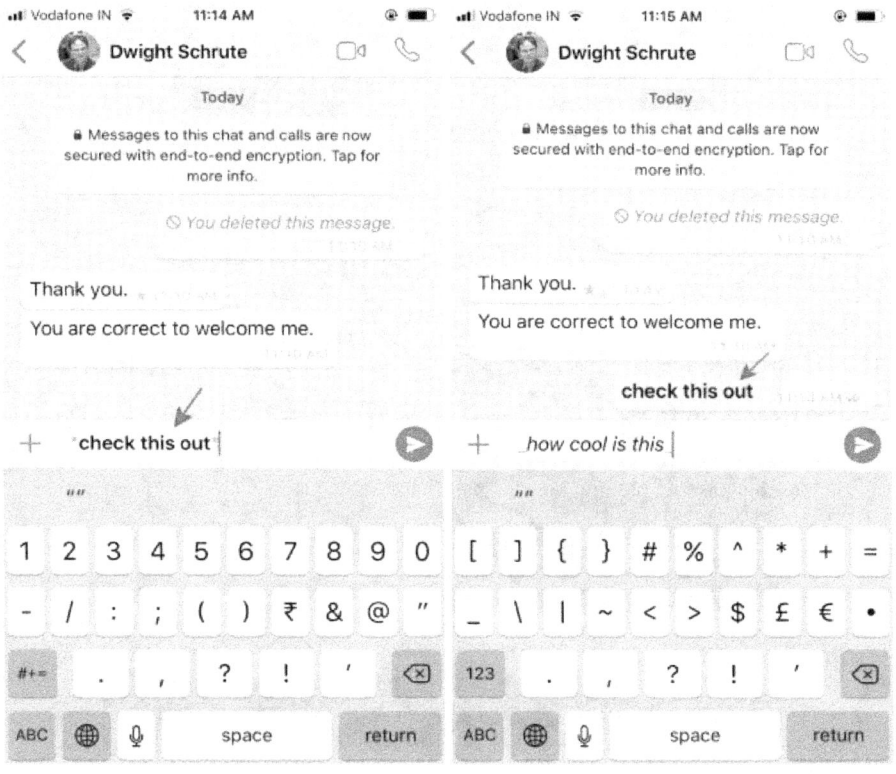

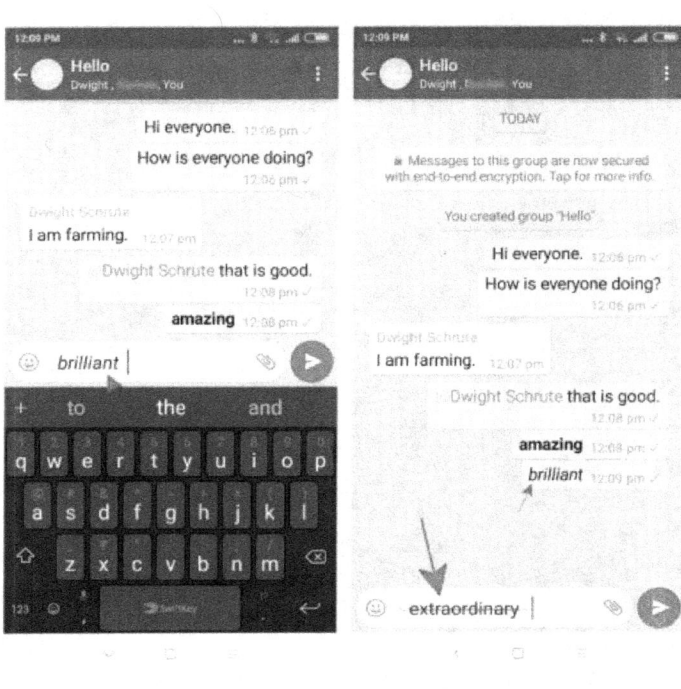

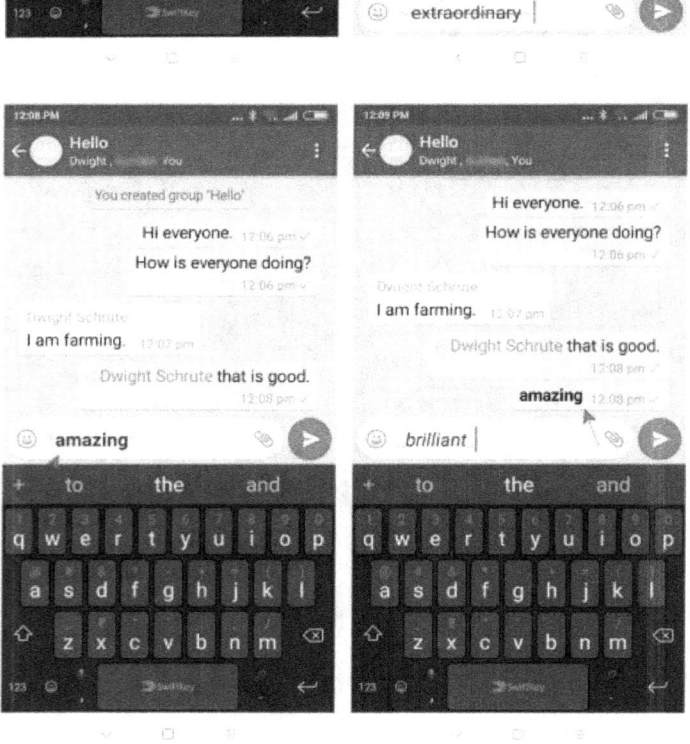

PIN CHATS

Il y a quelques amis avec qui je discute régulièrement. Je ne veux pas rechercher leur chat tous les jours. Existe-t-il un moyen d'épingler leurs discussions afin que je puisse y accéder facilement?

iPhone:

Oui, vous pouvez épingler les chats qui restent en haut de votre liste de chats. Vous pouvez épingler un maximum de 3 chats. Pour épingler des discussions sur votre iPhone, faites glisser vers la droite sur la discussion que vous souhaitez épingler. En faisant glisser votre doigt, faites un clic droit sur le bouton d'épinglage Pour épingler le chat.

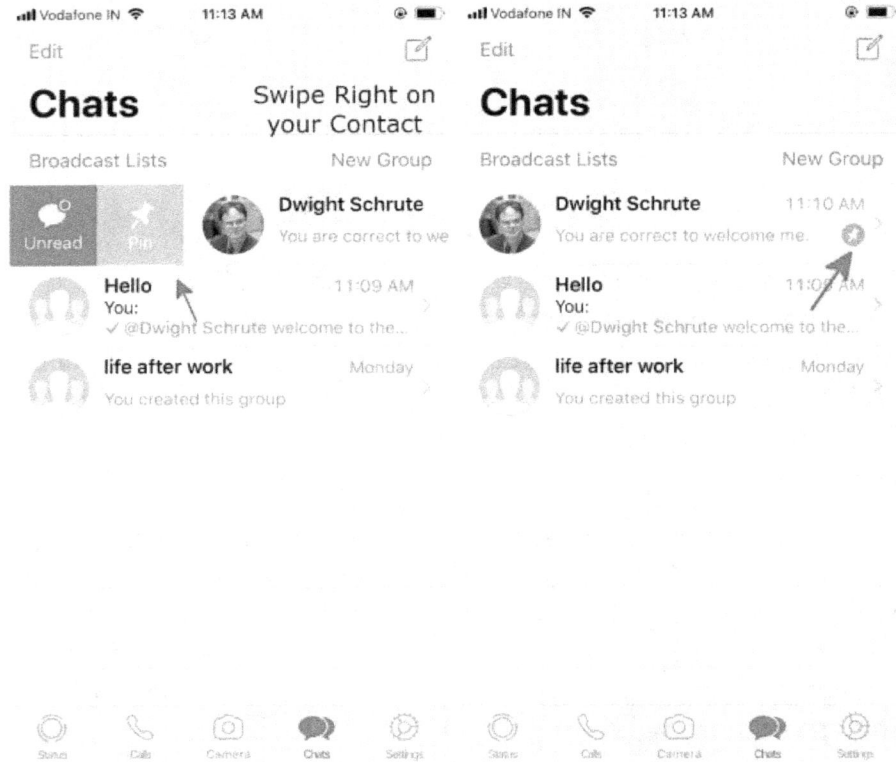

Android:

Pour faire de même sur votre smartphone Android, maintenez le doigt sur le chat que vous souhaitez épingler et cliquez sur le bouton d'épingle dans le menu qui apparaît en haut de l'écran. Le bouton d'épingle est l'icône la plus à gauche du menu supérieur.

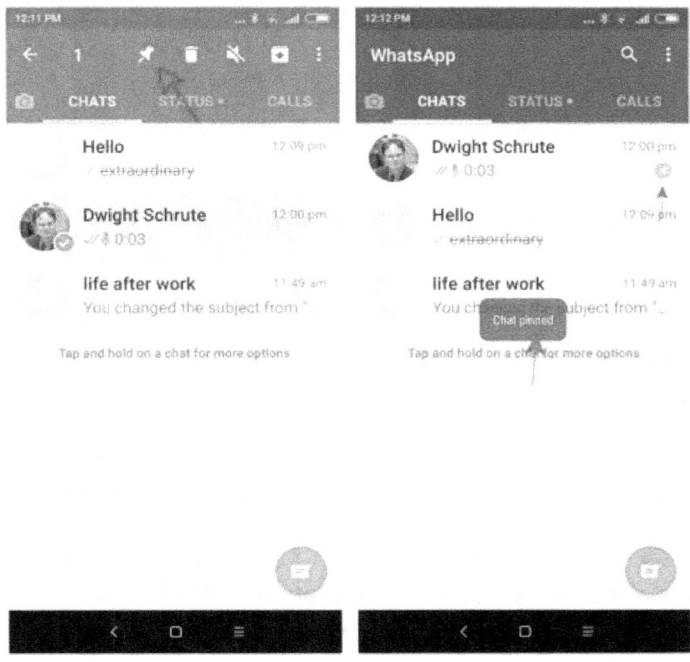

Il existe une fonctionnalité supplémentaire sur le smartphone Android Pour accéder rapidement au chat de votre meilleur ami. Vous pouvez créer un raccourci du chat de votre ami sur votre écran d'accueil vous permettant ainsi d'accéder directement au chat de votre meilleur ami. Pour ce faire, accédez à l'écran de discussion du chat de l'ami Pour lequel vous souhaitez créer un raccourci. Cliquez ici sur le menu à 3 points en haut à droite de l'écran. Cliquez sur «Plus» puis sur «Ajouter un raccourci» et «Ajouter automatiquement». Un bouton avec la photo de profil de votre ami sera créé sur votre écran d'accueil. Vous pouvez cliquer dessus Pour accéder directement à votre chat!

Désormais, vos meilleurs amis ne sont plus qu'à un clic!

MESSAGES DIFFUSÉS

J'ai une fête que je prévois et je veux informer tous mes amis. Puis-je envoyer le même message à tous mes amis simultanément? C'est vraiment compliqué d'envoyer le même message à chacun de mes amis!

Premièrement, vous organisez une fête et je n'ai pas reçu d'invitation?! Je vais le laisser passer cette fois �� organisez

Pour la prochaine fois que vous une fête, vous pouvez utiliser la fonctionnalité de diffusion de WhatsApp Pour envoyer le même message à un grand nombre de contacts.

iPhone:

Pour créer une liste de diffusion sur votre iPhone, cliquez sur «Listes de diffusion» en haut à droite de l'écran de discussion et sélectionnez tous les contacts que vous souhaitez ajouter à la liste de diffusion. Une fois que vous avez terminé, cliquez sur «Créer» en haut à droite de l'écran. De là, cliquez sur la liste de diffusion et envoyez le message que vous souhaitez envoyer à tous.

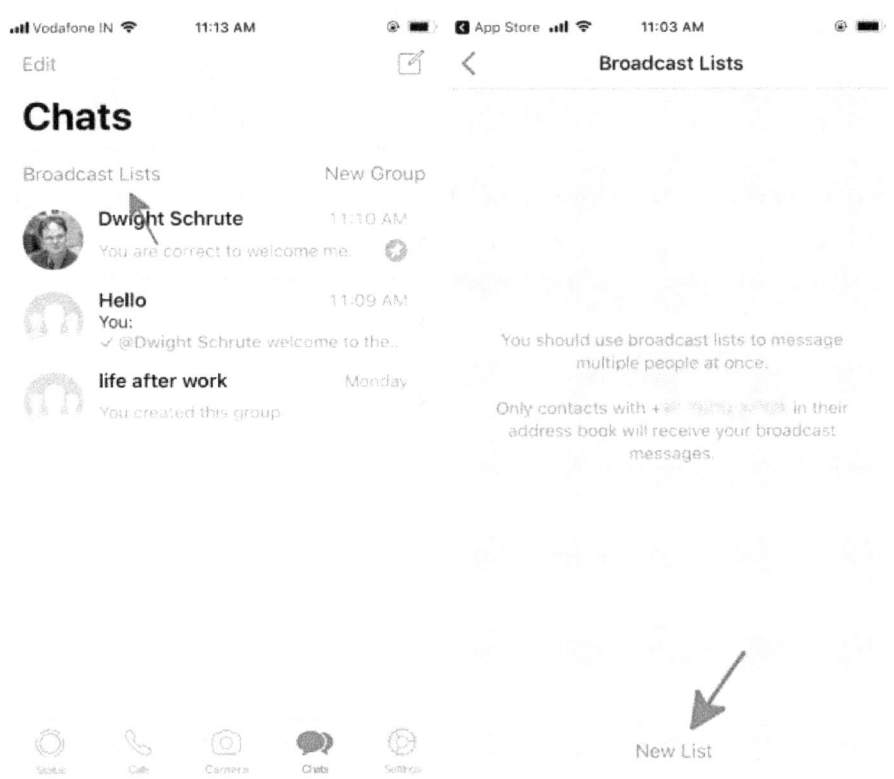

Android:

Pour créer une liste de diffusion sur votre smartphone Android, cliquez sur le menu à 3 points en haut à droite de l'écran et sélectionnez «Nouvelle diffusion». Sélectionnez tous les contacts que vous souhaitez ajouter à votre liste de diffusion et envoyez-leur le message que vous souhaitez diffuser.

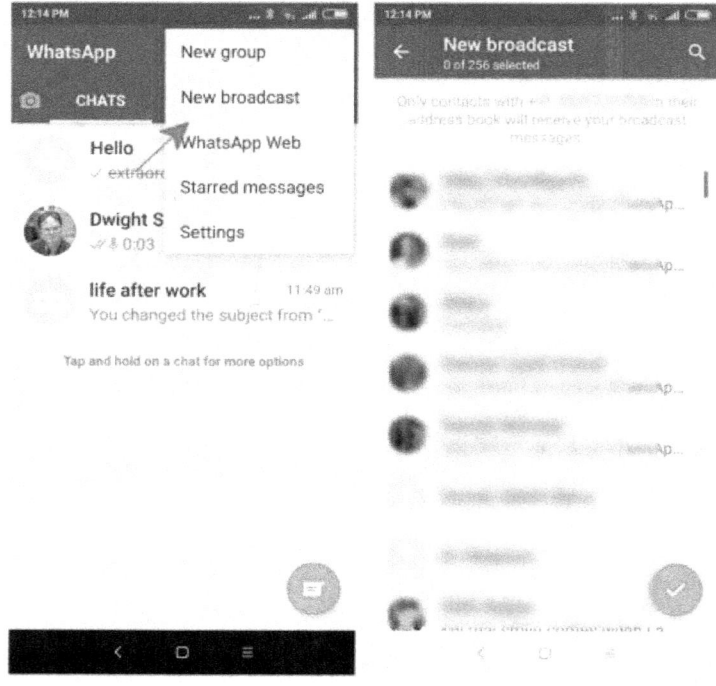

Toutes nos félicitations! Toutes vos invitations ont été envoyées. J'espère qu'ils arrivent tous à votre fête!

CHANGER LE FOND D'ÉCRAN

Je souhaite personnaliser le fond d'écran de mes chats. Comment dois-je procéder?

iPhone:

Sur votre iPhone, cliquez sur les paramètres en bas à droite de l'écran et cliquez sur Chats. Dans le menu Paramètres de discussion, sélectionnez l'option Fond d'écran de discussion. Ici, vous pouvez sélectionner dans la bibliothèque de papiers peints, des couleurs unies ou des images de votre galerie Pour les définir comme fond d'écran de chat.

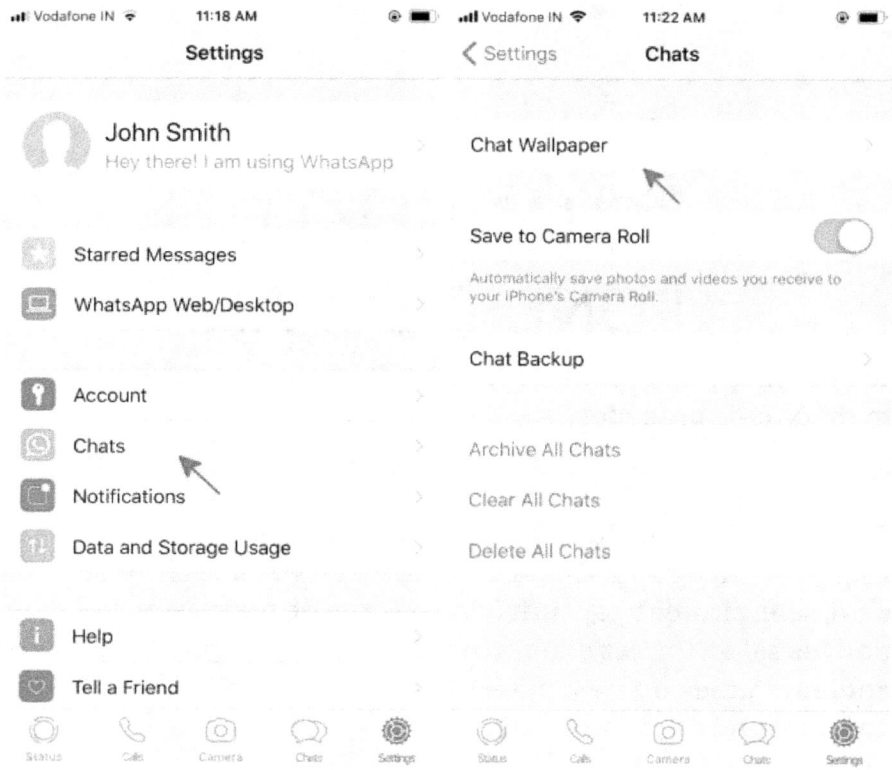

Android:

Pour modifier le fond d'écran de votre chat sur votre smart-phone Android, sélectionnez le chat dont vous souhaitez modi-fier le fond d'écran. Cliquez sur le menu à 3 points en haut à droite de l'écran et sélectionnez «Fond d'écran» À partir de là, vous pouvez sélectionner la bibliothèque de papiers peints, les couleurs unies ou les images de votre galerie Pour les définir comme fond d'écran de chat.

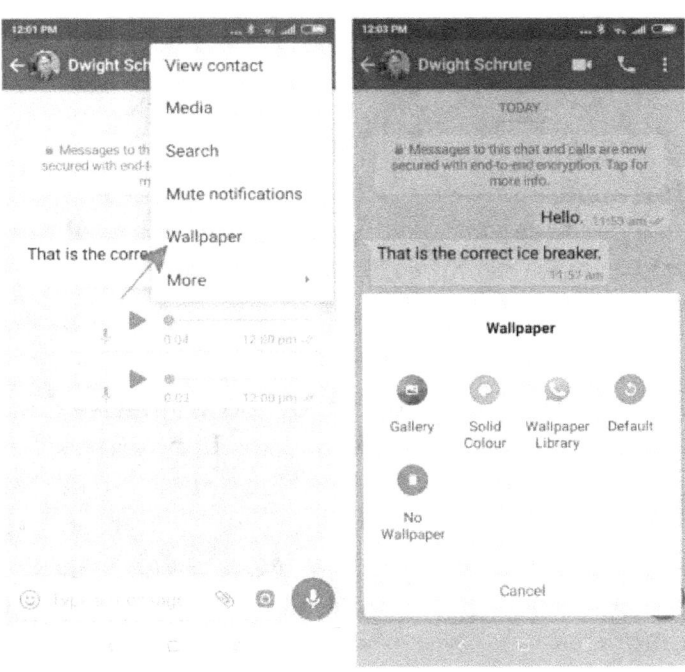

PARAMÈTRES DE TÉLÉCHARGEMENT AUTOMATIQUE DES MÉDIAS

J'ai un forfait de données limité et je souhaite contrôler les photos et les vidéos que je télécharge sur mon téléphone. Existe-t-il un moyen de modifier les paramètres de téléchargement automatique des médias?

iPhone:

Sur votre iPhone, cliquez sur le bouton Paramètres dans le coin inférieur droit de l'écran et cliquez sur le bouton «Utilisation des données et du stockage». Ici, vous pouvez sélectionner les médias que vous souhaitez configurer Pour le téléchargement automatique sur les données mobiles et les formats de médias que vous ne souhaitez pas télécharger automatiquement sur les données mobiles.

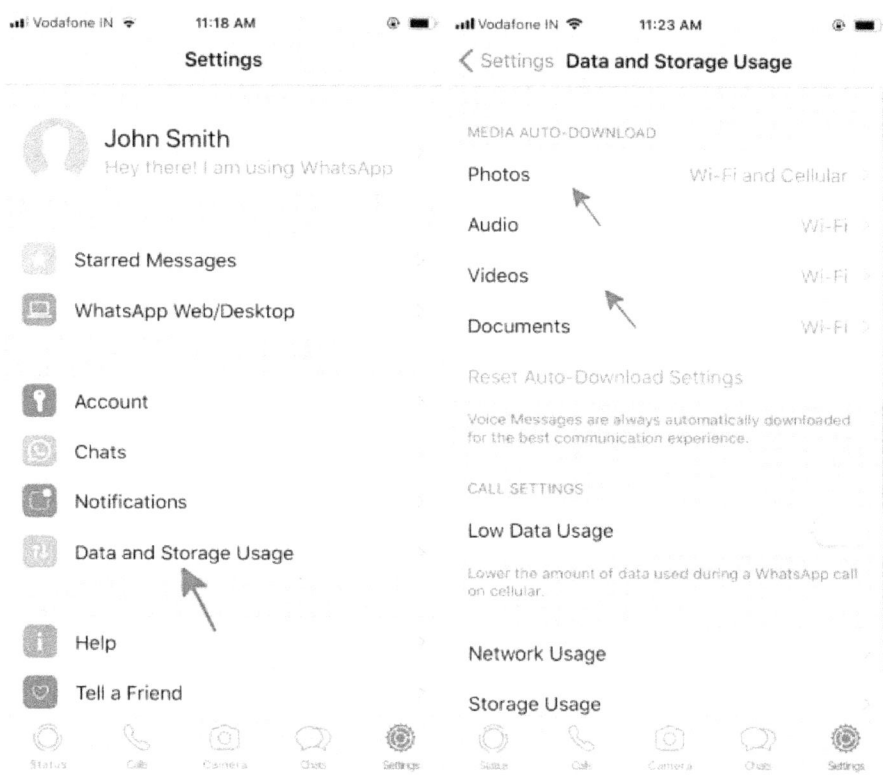

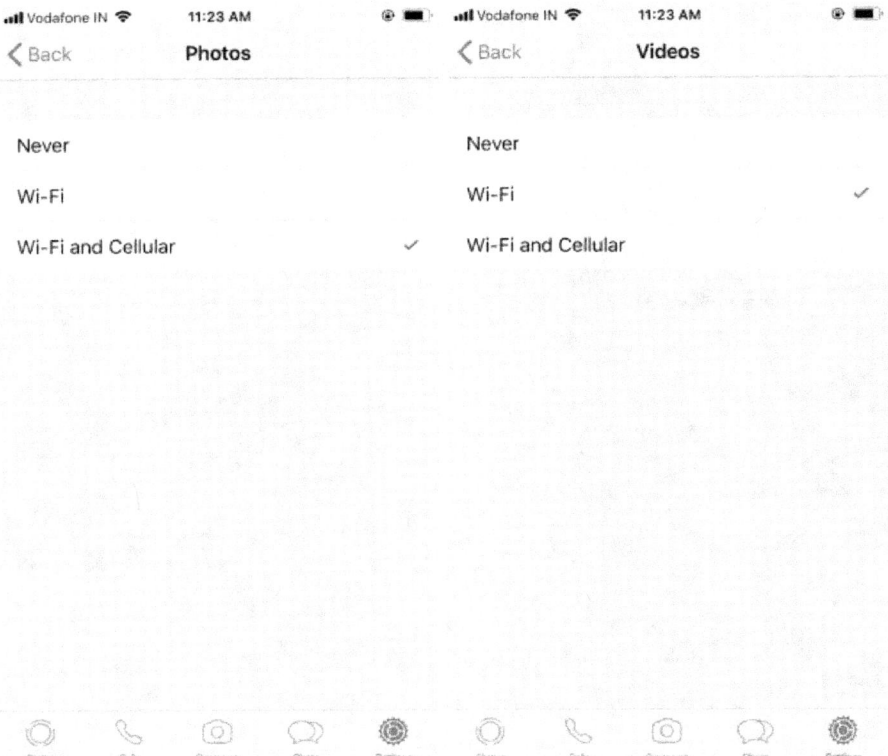

Android:

De même, sur votre smartphone Android, vous pouvez accéder au menu Paramètres en cliquant sur le menu à 3 boutons en haut à droite de l'écran et en sélectionnant le bouton «Utilisation des données et du stockage». Ici, vous pouvez sélectionner les médias que vous souhaitez configurer Pour le téléchargement automatique sur les données mobiles et les formats de médias que vous ne souhaitez pas télécharger automatiquement sur les données mobiles.

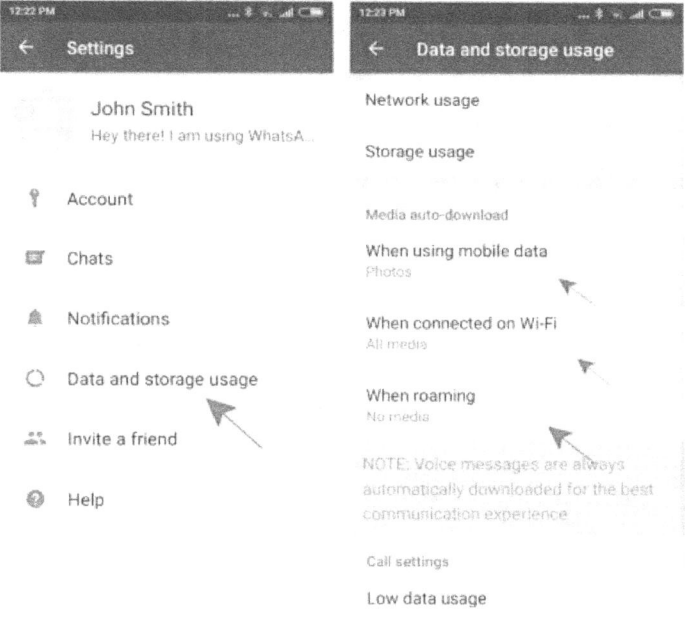

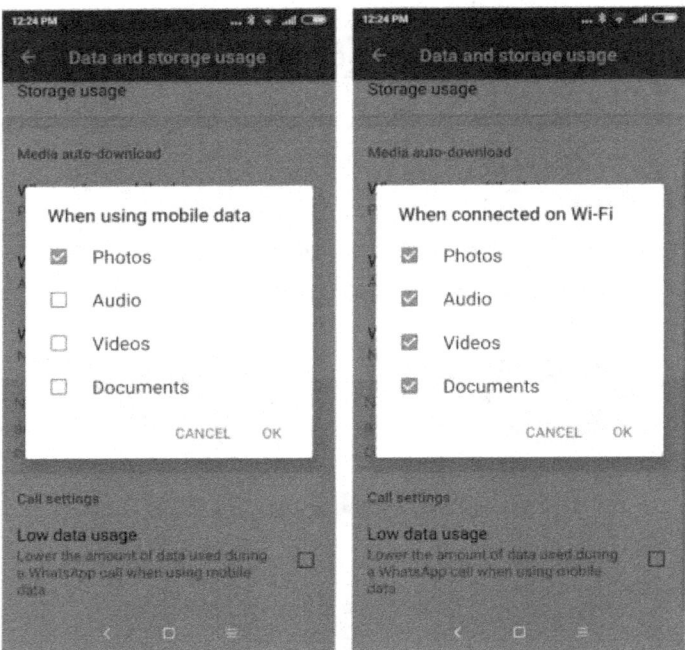

BLOQUER LES MESSAGES

J'ai reçu des messages de spam d'un numéro inconnu. Que puis-je faire à ce sujet?

Comme la messagerie WhatsApp est si populaire et facile à utiliser, les messages de spam sont un effet secondaire malheureux de la popularité de WhatsApp. Vous pouvez faire deux choses Pour contrer cela. Tout d'abord, vous pouvez bloquer le numéro afin que le numéro ne puisse pas vous envoyer de message et deuxièmement, vous pouvez signaler le contact à WhatsApp qui bloquera également le contact et supprimera tous les messages avec ce contact.

iPhone:

Pour bloquer / signaler un contact sur votre iPhone, cliquez sur l'onglet Contacts en bas de l'écran et faites défiler jusqu'au contact que vous souhaitez bloquer. Cliquez sur les informations de profil du contact et cliquez sur «Bloquer ce contact»

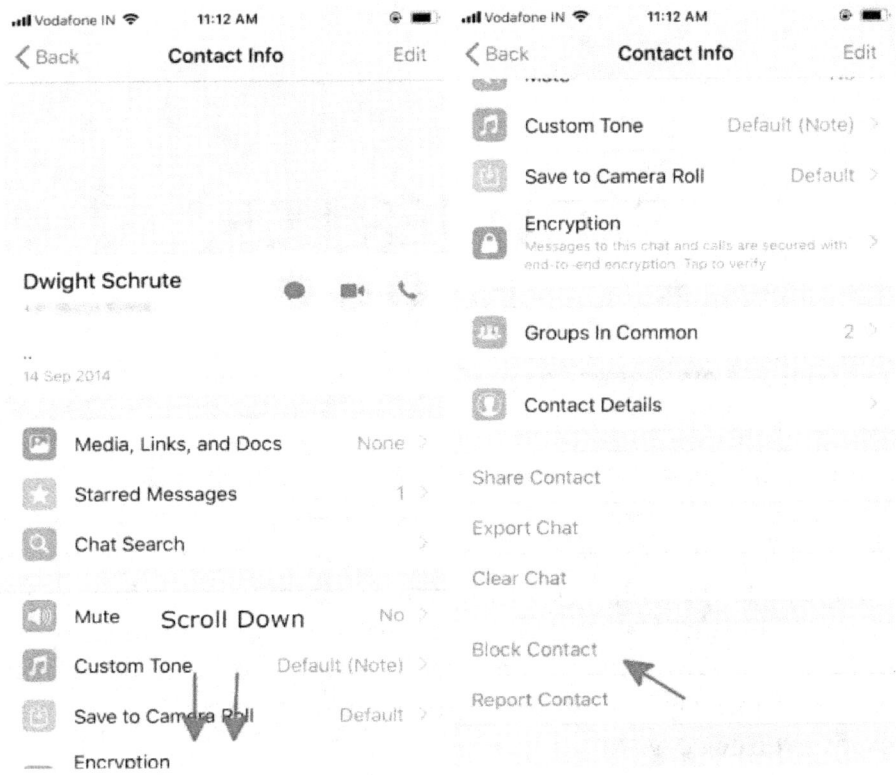

Android:

Pour bloquer / signaler un contact sur votre smartphone Android, ouvrez le chat du contact que vous souhaitez bloquer / signaler. Cliquez sur le menu à trois boutons en haut à droite de l'écran et sélectionnez «Bloquer» ou «Signaler» Pour bloquer ou signaler le contact simultanément.

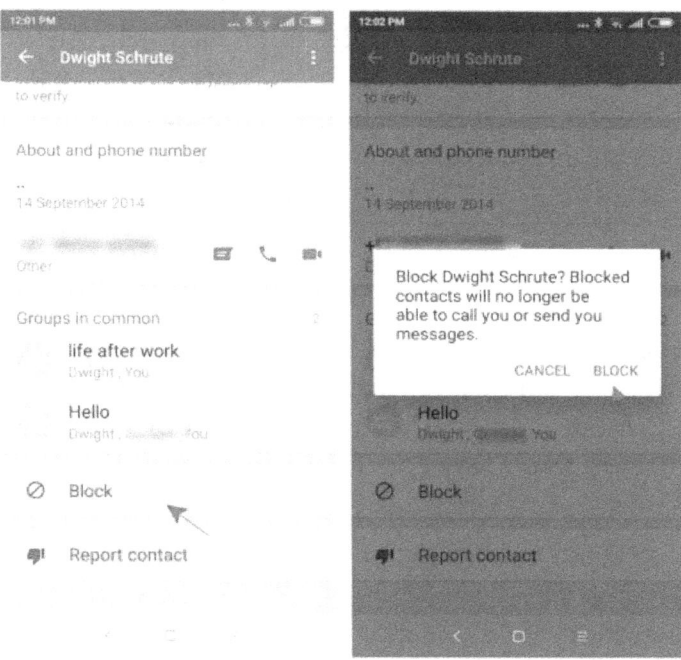

Plus de spam inutile Pour vous!

Saviez-vous que WhatsApp sauvegarde automatiquement tous vos messages sur iCloud sur votre iPhone et sur Google Drive sur votre smartphone Android? En fait, vous pouvez même exporter des chats entiers vers votre messagerie!

NOTIFICATIONS

muettes Si vous en avez assez des notifications constantes d'un contact, vous pouvez désactiver les notifications du contact. Les discussions non lues resteront toujours sur votre écran de discussion, même si vous ne recevrez aucune notification supplémentaire lorsque le contact vous enverra un nouveau message.

iPhone:

Pour désactiver les notifications sur votre iPhone, faites glisser votre doigt vers la gauche sur le chat que vous souhaitez désactiver. Cliquez sur le bouton «Plus» Pour afficher l'option Muette. Ici, vous pouvez choisir de désactiver les notifications pendant 8 heures, 1 semaine ou 1 an.

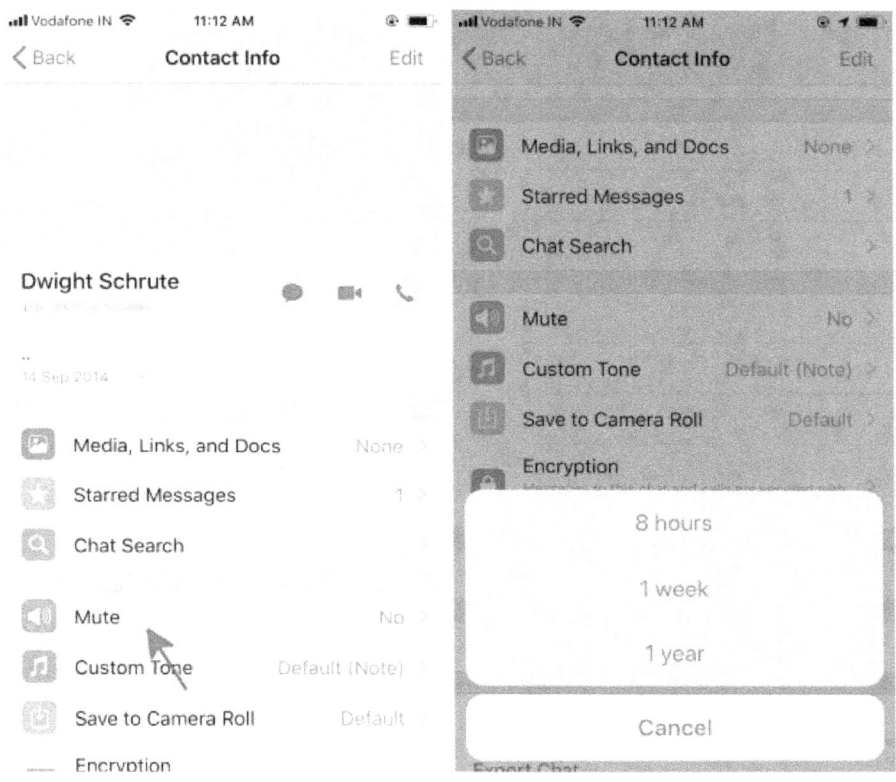

Android:

Pour désactiver les notifications sur votre smartphone Android, cliquez sur le chat que vous souhaitez désactiver. Cliquez sur le menu à 3 boutons en haut à droite de l'écran et cliquez sur le bouton «Mute notifications». Ici, vous pouvez choisir de désactiver les notifications pendant 8 heures. 1 semaine ou 1 an.

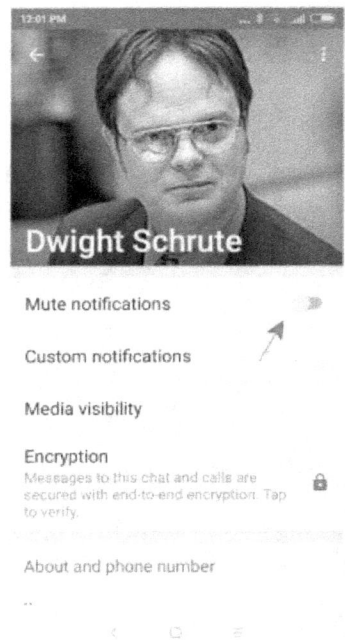 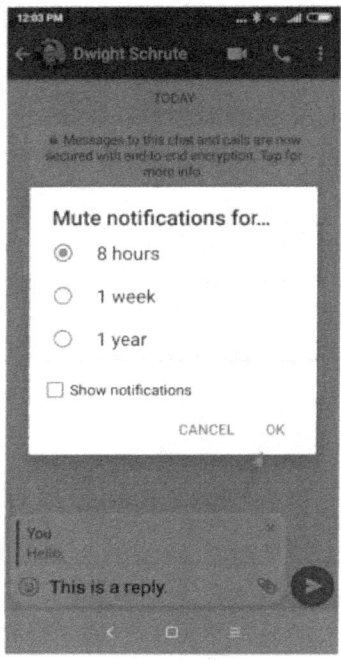

NOTIFICATIONS DE CHAT PERSONNALISÉES

WhatsApp vous permet d'avoir des notifications personnalisées Pour chaque contact vous permettant de savoir si votre meilleur ami vous appelle ou votre patron par juste le son de la sonnerie!

iPhone:

Sur votre iPhone, cliquez sur l'onglet «Contacts» et sélectionnez le contact Pour lequel vous souhaitez des notifications personnalisées. Sélectionnez l'option «Notifications personnalisées» et sélectionnez la sonnerie que vous souhaitez définir Pour ce contact.

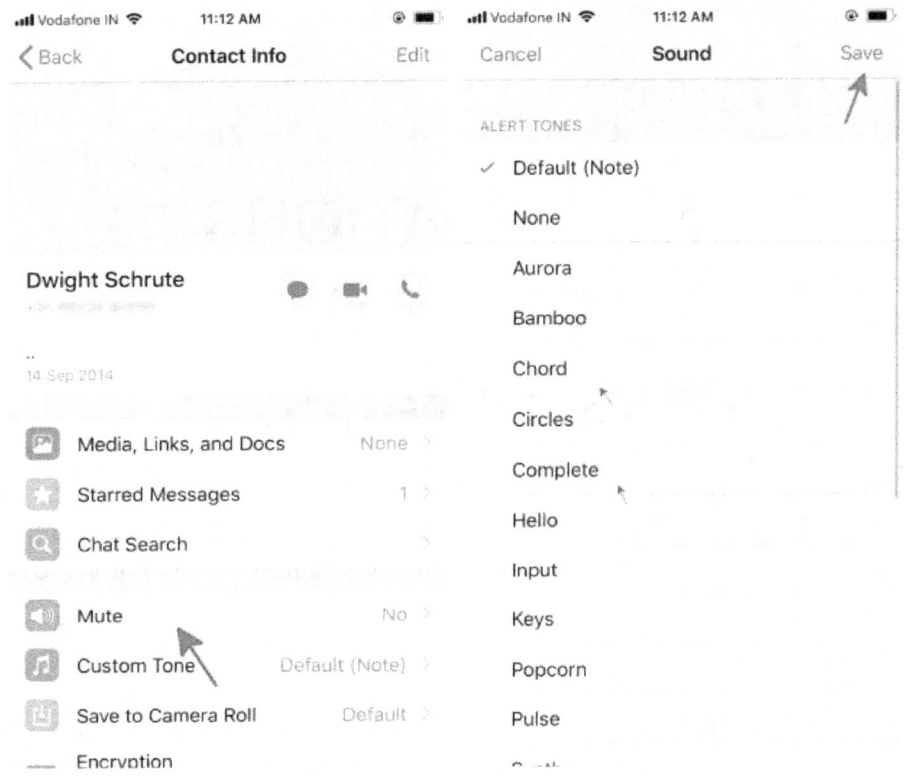

Android:

Sur votre téléphone Android, Pour ce faire, vous devez sélectionner le contact auquel vous souhaitez attribuer une sonnerie personnalisée dans le menu de discussion. Dans le chat, cliquez sur le nom de votre contact et sélectionnez «Notifications personnalisées». Cliquez sur la case à côté de «utiliser des notifications personnalisées» Pour activer cette fonctionnalité.

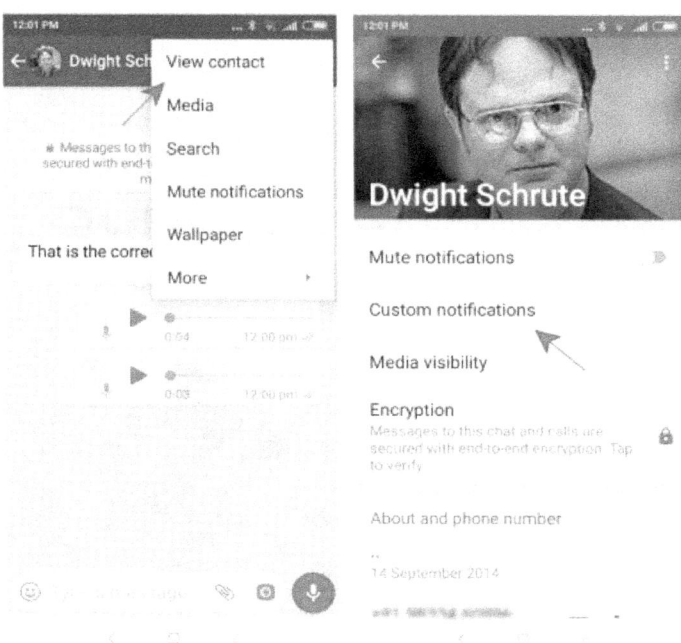

CHAT DE GROUPE

COMMENT CRÉER UN GROUPE WHATSAPP?

Avez-vous des amis qui aiment tous regarder des films des années 80 ou des amis qui sont tous fans de rock classique? Ne serait-il pas amusant de pouvoir réunir tous ces amis Pour discuter de votre intérêt commun? C'est exactement là que le chat de groupe entre en scène!

iPhone:

Pour configurer un nouveau chat de groupe sur votre iPhone, cliquez sur le bouton Chat en bas de l'écran. Cliquez ici sur le bouton «Nouveau groupe» en haut à droite de l'écran. De là, vous pouvez sélectionner le nom du groupe et la photo du groupe. Ajoutez tous les contacts que vous souhaitez ajouter au groupe. La personne qui crée le groupe est l'administrateur, qui peut ajouter d'autres membres ou supprimer des membres existants du groupe.

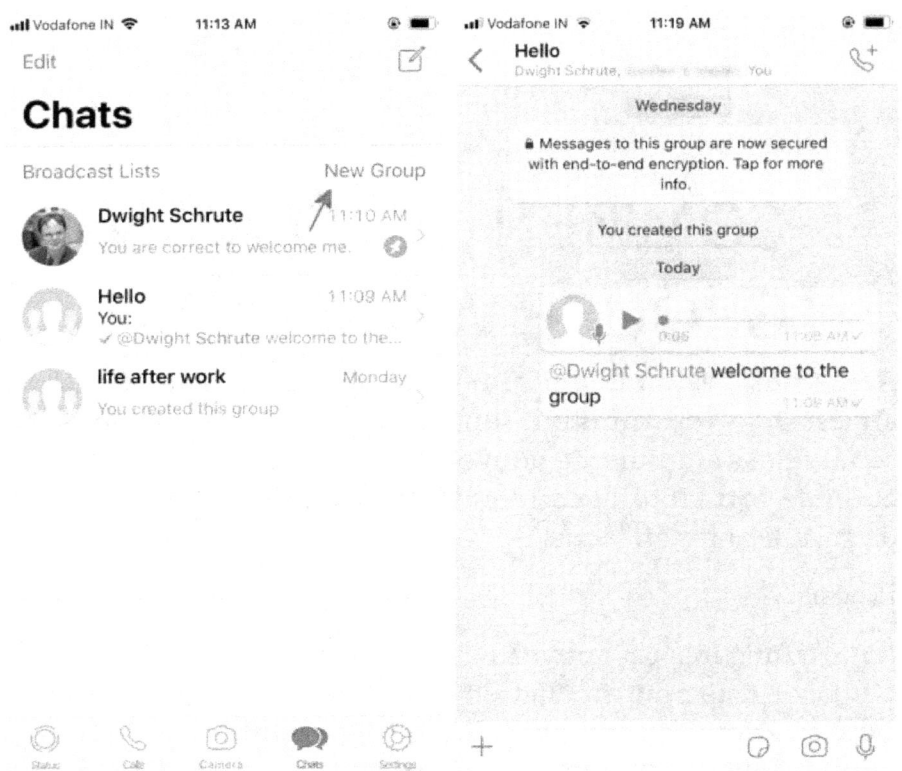

Android:

Pour configurer un nouveau groupe de discussion sur votre smartphone Android, cliquez sur le menu à 3 boutons en haut à droite de l'écran ou sur le bouton vert en bas à droite de l'écran de discussion et cliquez sur "Nouveau groupe" Pour configurer un nouveau groupe. De là, vous pouvez sélectionner le nom du groupe et la photo du groupe. Ajoutez tous les contacts que vous souhaitez ajouter au groupe. La personne qui crée le groupe est l'administrateur, qui peut ajouter d'autres membres ou supprimer des membres existants du groupe.

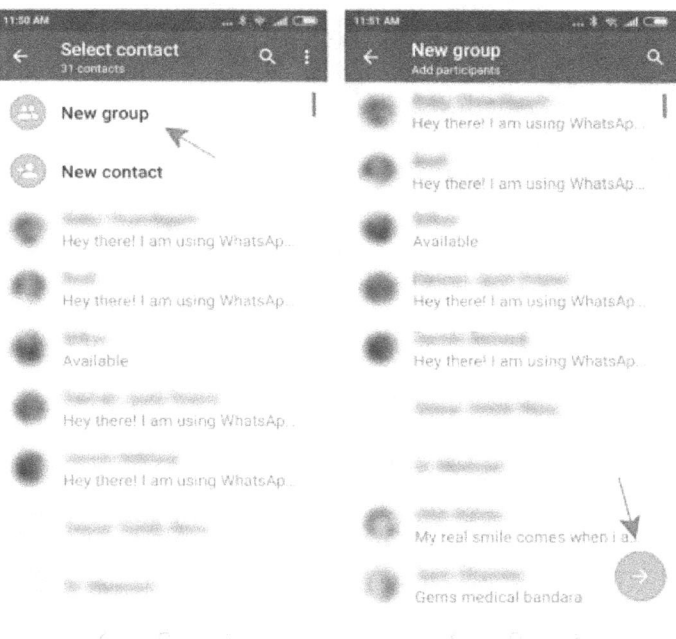

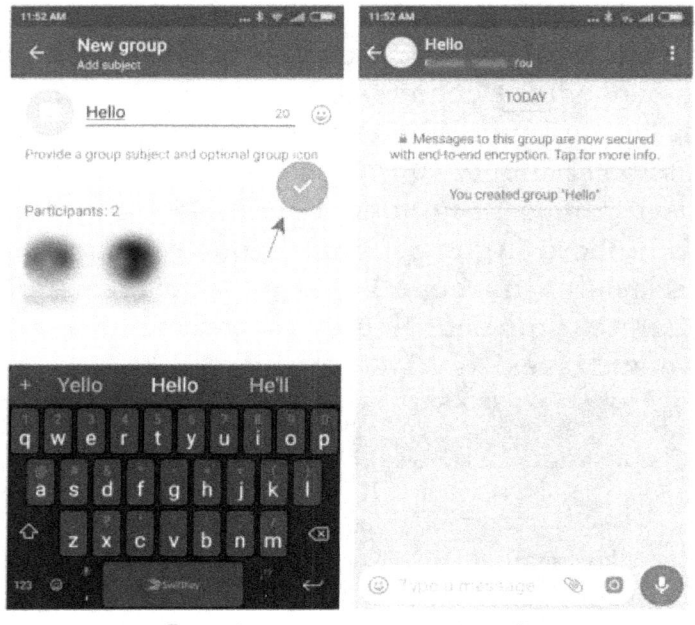

MODIFICATION DE L'ADMINISTRATEUR DU GROUPE

L'administrateur est trop occupé Pour ajouter et supprimer des contacts au groupe. L'administrateur peut-il désigner quelqu'un d'autre comme administrateur?

Oui, l'administrateur peut faire de n'importe qui l'administrateur du groupe. En fait, il / elle peut faire de plusieurs personnes l'administrateur du groupe. Si vous êtes l'administrateur du groupe, cliquez sur les informations du groupe et cliquez sur le contact que vous souhaitez rendre administrateur. Dans le menu qui apparaît, vous pouvez sélectionner «Rendre administrateur» pour faire de ce contact l'administrateur du groupe.

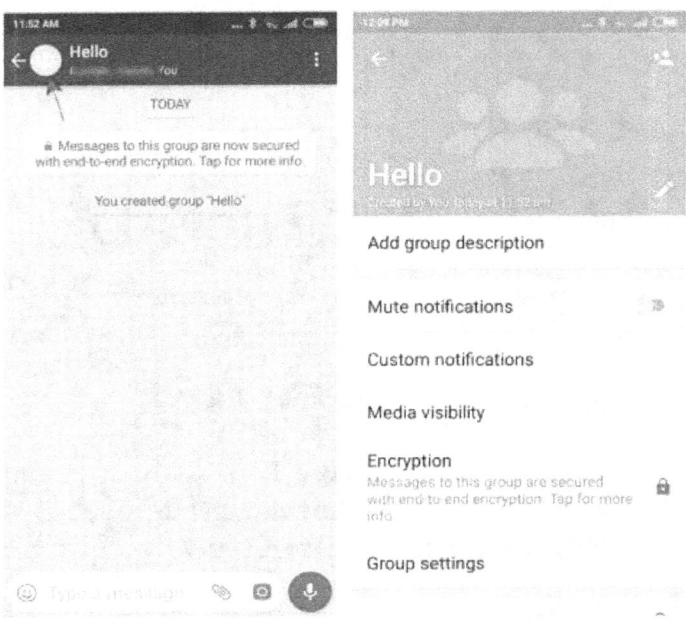

MARQUER UN CONTACT DANS UNE DISCUSSION DE GROUPE

Lorsque vous discutez dans une discussion de groupe, vous pouvez marquer n'importe quel contact du groupe en tapant simplement @ suivi du nom du contact Par exemple, si Josh fait partie de votre groupe Weekend Meetup et que vous voulez spécifiquement dire à John d'apporter la nourriture, vous pouvez simplement taper «@John S'il vous plaît, apportez la nourriture pour nous, les âmes affamées! John reçoit une notification distincte dans le chat de groupe qui l'informe qu'il a été tagué et il peut accéder directement à ce message.

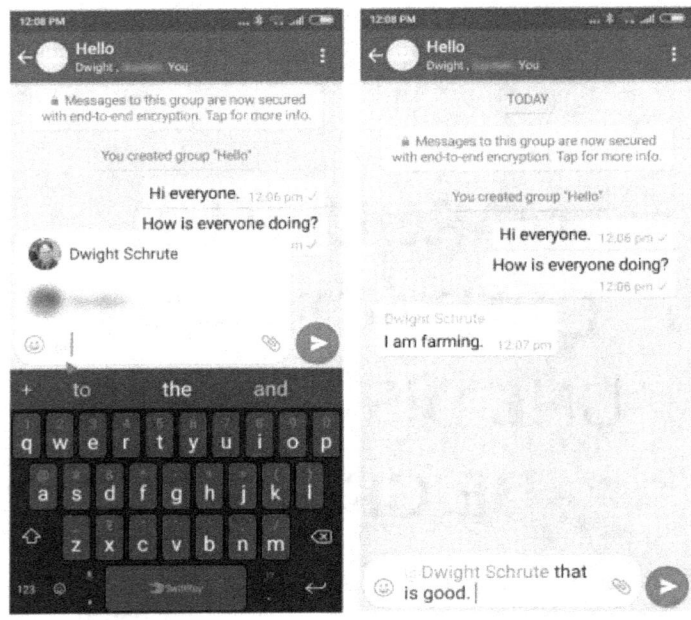

Ajouter ou supprimer des contacts dans un groupe WhatsApp.

Dans le menu d'informations du groupe, vous pouvez également supprimer le contact du groupe en cliquant sur le contact que vous souhaitez supprimer et en sélectionnant l'option Supprimer le contact dans le menu qui apparaît.

Sur le même écran, vous pouvez cliquer sur «Ajouter des participants» pour ajouter des contacts au groupe.

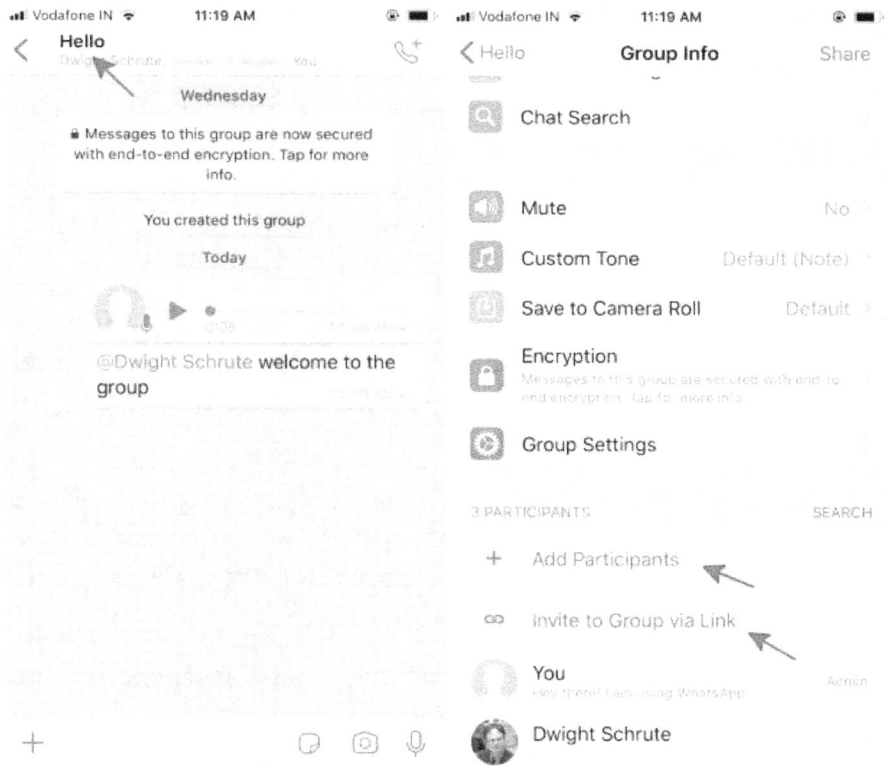

NOTIFICATIONS DE GROUPE MUET

Mes amis m'ont ajouté à tant de groupes !!! Je ne peux pas gérer les centaines de notifications !! Comment arrêter les notifications?!

Ne vous inquiétez pas, arrêter les notifications pour les discussions de groupe est très simple et aucun des membres du groupe ne le saura. Le processus de mise en sourdine d'un chat de groupe est le même que celui d'un chat individuel.

Les discussions non lues resteront toujours sur votre écran de discussion, même si vous ne recevrez aucune notification supplémentaire lorsque le contact vous enverra un nouveau message.

Pour désactiver les notifications sur votre iPhone, faites glisser votre doigt vers la gauche sur le chat de groupe que vous souhaitez désactiver. Cliquez sur le bouton «Plus» pour afficher l'option Muette. Ici, vous pouvez choisir de désactiver les notifications pendant 8 heures, 1 semaine ou 1 an.

Pour désactiver les notifications sur votre smartphone Android, cliquez sur le chat de groupe que vous souhaitez désactiver. Cliquez sur le menu à 3 boutons en haut à droite de l'écran et cliquez sur le bouton «Mute notifications». Ici, vous pouvez choisir de désactiver les notifications pendant 8 heures, 1 semaine ou 1 an.

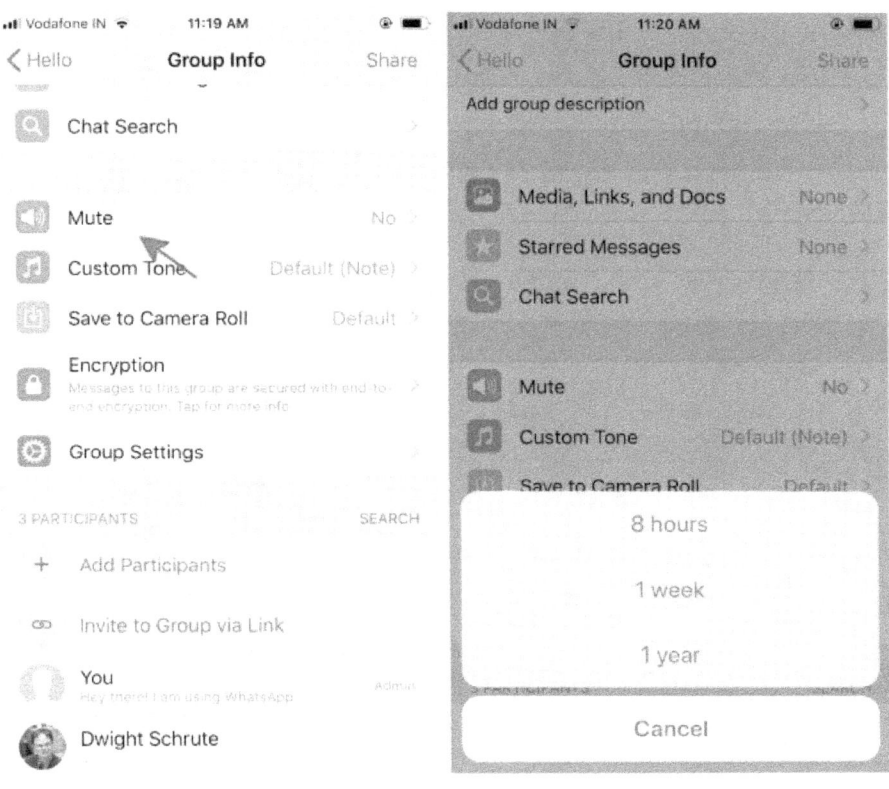

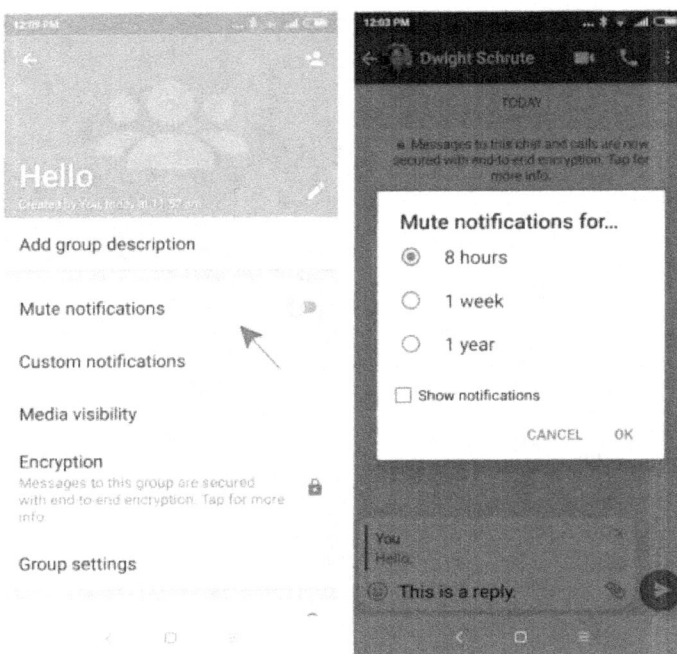

APPELS WHATSAPP

QU'EST-CE QUE LES APPELS WHATSAPP?

Les appels WhatsApp sont un service qui permet aux gens partout dans le monde de se parler via Internet. Vous pouvez avoir une conversation avec jusqu'à 4 personnes à la fois et cela peut être fait par appel audio ou vidéo. Hormis le coût d'utilisation des données, il n'y a aucun coût supplémentaire associé à ce service.

Ainsi, vous pourriez être assis en Angleterre et votre ami pourrait être assis en Australie et vous pourriez avoir une conversation sans frais !!

EN QUOI LES APPELS WHATSAPP SONT-ILS DIFFÉRENTS DES APPELS TÉLÉPHONIQUES STANDARD?

Les appels téléphoniques standard ont un coût facturé par le transporteur pour chaque minute d'appel effectuée. Il y a des frais d'itinérance supplémentaires lorsque vous n'êtes pas dans votre pays ou état d'origine ou si vous souhaitez appeler quelqu'un en dehors de votre pays. C'est là que les appels Whats-App sont utiles. Vous n'avez besoin que d'une connexion Internet pour passer un appel.

WhatsApp fournit également un processus très pratique d'appels vidéo avec jusqu'à 4 amis simultanément. Les appels WhatsApp vous permettent également d'appeler par vidéo n'importe qui, quel que soit le téléphone qu'ils utilisent, à condition que WhatsApp soit installé. Les utilisateurs d'iPhone peuvent appeler les utilisateurs d'Android et vice versa et bien sûr les utilisateurs d'iPhone peuvent les utilisateurs d'iPhone et les utilisateurs d'Android peuvent appeler les utilisateurs d'Android.

PASSER UN APPEL WHATSAPP

OK Je suis prêt à appeler mon ami sur WhatsApp. Comment dois-je procéder?

iPhone:

Sur votre iPhone, ouvrez WhatsApp et accédez à l'ami que vous souhaitez appeler. Vous pouvez le faire de trois manières.

1. En sélectionnant votre conversation textuelle avec cet ami et en cliquant sur le logo du téléphone en haut de l'écran. Cela lancera un appel audio. Pour démarrer un appel vidéo, vous devez cliquer sur l'icône du caméscope à gauche de l'icône du téléphone

2. En sélectionnant l'icône du téléphone en bas de l'écran pour vous amener à l'onglet Appels et en sélectionnant l'icône du téléphone sur cet écran qui se trouve au coin supérieur droit. Cela ouvre votre liste de contacts à partir de laquelle vous pouvez sélectionner le contact pour lequel vous souhaitez démarrer un appel audio.

3. En cliquant sur l'image d'affichage de votre ami dans l'onglet Chat qui vous donne la possibilité de sélectionner le bouton du téléphone pour démarrer un appel audio et le bouton de la caméra vidéo pour démarrer un appel vidéo

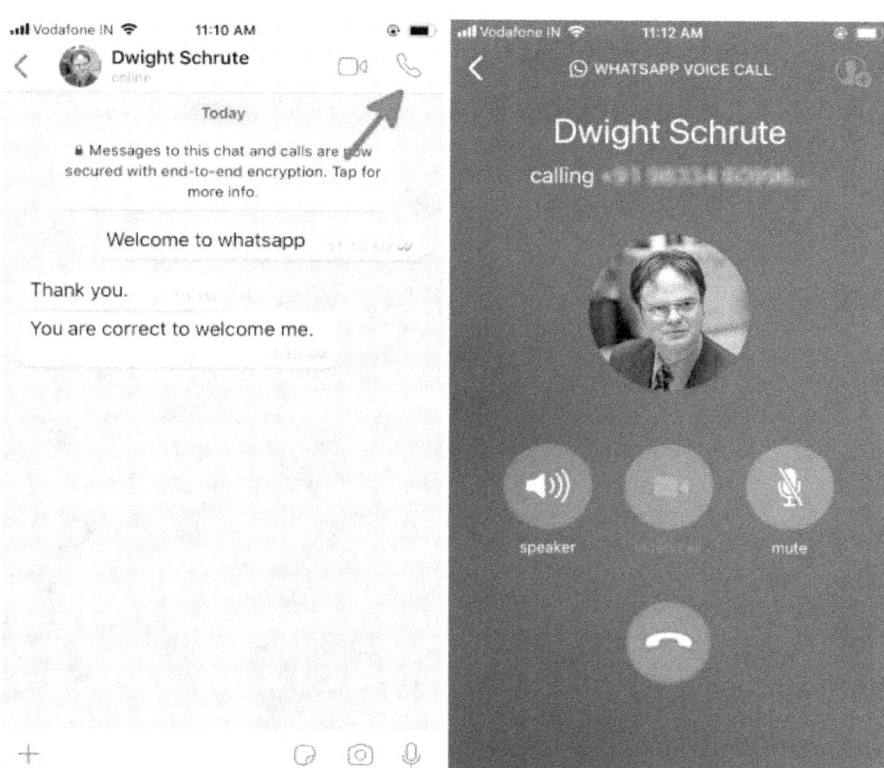

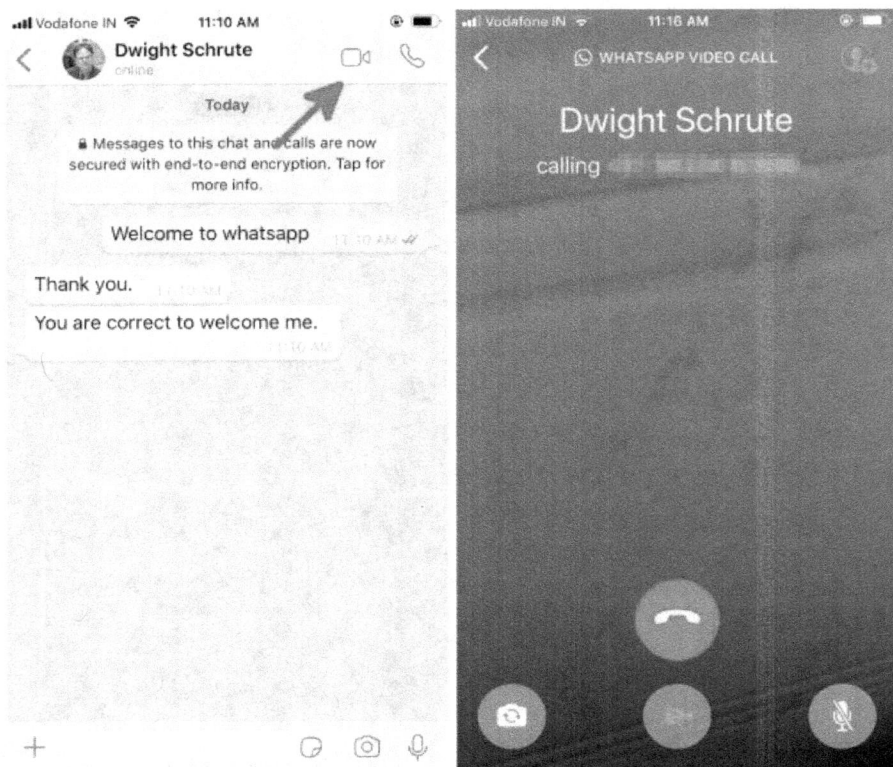

Android:

Sur votre téléphone Android, ouvrez WhatsApp et accédez à l'ami à qui vous voulez appeler. Vous pouvez le faire de trois manières:

1. En sélectionnant votre conversation textuelle avec cet ami et en cliquant sur le logo du téléphone en haut de l'écran. Cela lancera un appel audio. Pour démarrer un appel vidéo, vous devez cliquer sur l'icône du caméscope à gauche de l'icône du téléphone.

2. En sélectionnant l'onglet Appels en haut à droite de l'écran et en cliquant sur l'icône avec un téléphone et un symbole «+». Cela ouvrira votre liste de contacts avec un logo de téléphone et un logo de magnétoscope à côté de chaque contact. Pour démarrer un appel audio, sélectionnez le logo du téléphone et pour démarrer un appel vidéo, cliquez sur le logo de l'enregistreur vidéo.

3. En cliquant sur l'image d'affichage de votre ami dans l'onglet Chat qui vous donne des options pour sélectionner le bouton du téléphone pour démarrer un appel audio et le bouton de la caméra vidéo pour démarrer un appel vidéo

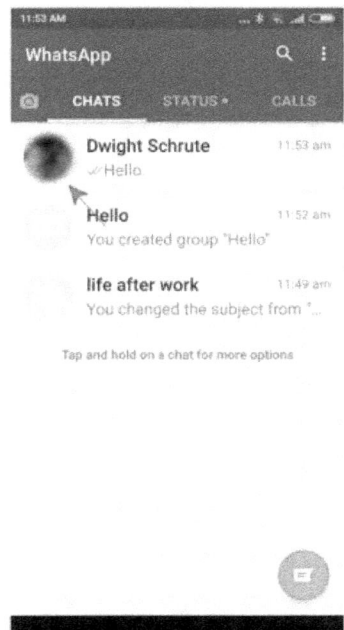

Félicitations, vous avez appelé votre ami avec succès. Maintenant, en fonction de la joie ou de la colère de votre ami contre vous au moment où l'appel passera!

RECEVOIR UN APPEL AUDIO OU UN APPEL VIDÉO

iPhone:

Sur votre iPhone, vous pouvez effectuer certaines opérations lors de la réception d'un appel. Lorsque vous recevez un appel, vous pouvez cliquer sur quatre boutons: Me le rappeler, Message, Accepter et Refuser

Pour accepter un appel WhatsApp entrant, vous devez cliquer sur le bouton vert au-dessus Accepter. De même, pour refuser un appel, vous devez appuyer sur le bouton rouge.

Si vous êtes occupé et que vous ne pouvez pas prendre l'appel à ce moment-là, vous pouvez sélectionner l'option Message. Cela vous permet de rejeter l'appel entrant et d'envoyer un message prédéfini ou un message personnalisé de votre choix à votre ami pour l'informer que vous êtes occupé en ce moment et que vous ne pouvez pas parler pour le moment.

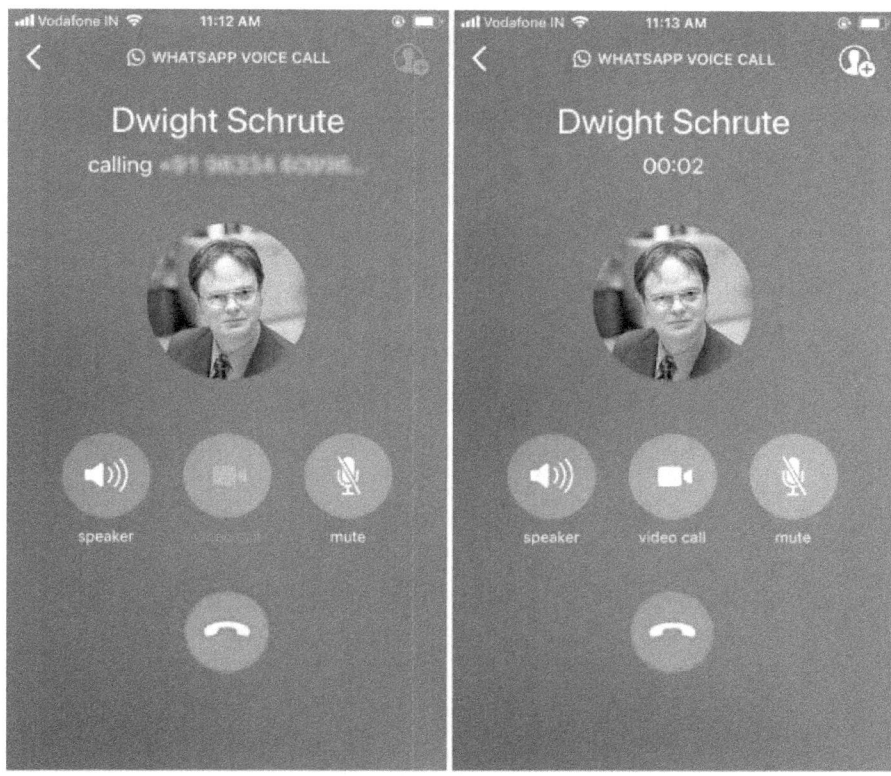

Android:

Sur votre téléphone Android, vous pouvez recevoir un appel en faisant glisser le bouton d'acceptation vert au centre de l'écran. Vous pouvez rejeter l'appel en faisant glisser le bouton de refus rouge vers le haut à gauche de l'écran. Si vous êtes occupé et que vous souhaitez envoyer à votre ami un message rapide indiquant la même chose, vous pouvez glisser le bouton de message à droite de l'écran.

REVENIR AUX MESSAGES

Je parle à un ami et je souhaite revenir à mes messages Whats-App. Puis-je faire cela tout en parlant à mon ami lors d'un appel WhatsApp?

Mon ami multitâche, bien sûr, vous pouvez! Lorsque vous parlez à votre ami, il y a un bouton «Message» sur lequel vous pouvez cliquer pour accéder à la fenêtre de discussion tout en parlant à votre ami. Vous pouvez revenir à l'onglet Chat et commencer à envoyer des messages à l'un de vos amis tout en poursuivant votre conversation actuelle.

iPhone:

Sur votre iPhone, cliquez simplement sur la flèche en haut à gauche de l'écran pendant votre appel WhatsApp pour revenir à votre écran de discussion.

Android:

Sur votre téléphone Android, appuyez simplement sur le bouton de retour lors d'un appel WhatsApp pour revenir à vos messages. Vous pouvez appuyer sur la barre verte en haut pour revenir à l'appel WhatsApp si nécessaire. Il y a un onglet vert en haut de l'écran si vous souhaitez revenir au menu d'appel WhatsApp.

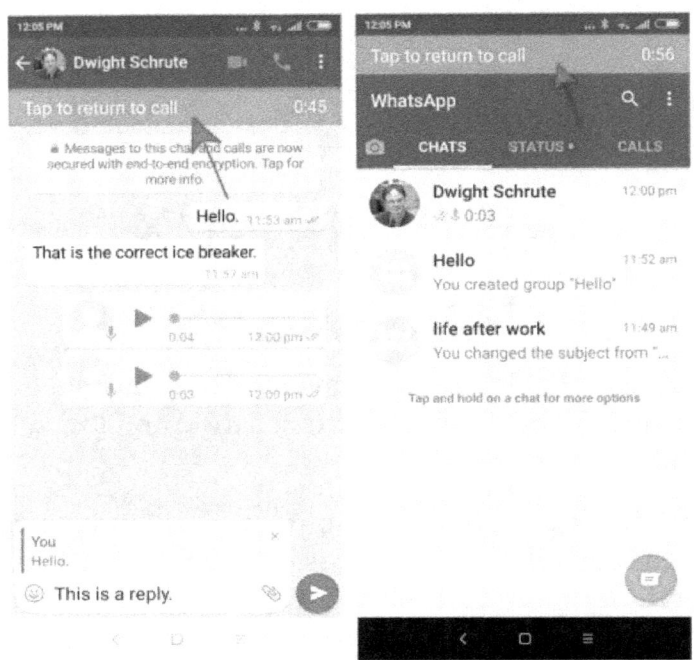

BASCULER ENTRE UN APPEL AUDIO ET UN APPEL VIDÉO

Que faire si je suis en conversation audio avec mon ami et que je veux voir son beau visage via un appel vidéo. Dois-je à nouveau mettre fin à l'appel et à l'appel vidéo ou existe-t-il un autre moyen?

Vous n'avez pas du tout besoin de mettre fin à l'appel. WhatsApp fournit un bouton d'appel vidéo sur l'écran d'appel qui vous permet de basculer de manière transparente entre les appels audio et vidéo. Ceci est disponible sur les téléphones Android et les iPhones.

Parallèlement à cela, vous pouvez également couper l'appel et mettre fin à l'appel à partir du même écran.

APPEL DE GROUPE

Maintenant, si vous vous demandez si vous pouvez parler à plus d'un de vos amis à la fois, vous pouvez certainement le faire!

En fait, vous pouvez appeler en audio ou en vidéo jusqu'à 4 amis en même temps. Voici comment procéder. Vous démarrez un appel audio ou un appel vidéo avec un de vos amis comme décrit précédemment. De là, chacun de vous peut ajouter des amis à l'appel en cliquant sur le bouton de la conférence téléphonique (bouton avec un visage et un bouton +) et en ajoutant l'ami de votre choix à votre appel de groupe. L'écran se divise en deux, trois ou quatre parties pour montrer à tous vos amis dans l'appel de groupe et vous pouvez heureusement parler à tous vos amis assis partout dans le monde.

MODE LOW DATA:

J'ai des données limitées sur mon forfait et je n'ai pas la connexion Internet la plus rapide partout. Les appels WhatsApp fonctionnent-ils toujours?

Oui, les appels WhatsApp fonctionnent bien sur les connexions de données lentes. Les appels WhatsApp fonctionnent bien même sur les connexions 2G. En fait, il existe une option pour que vous utilisiez moins de données lors de votre appel WhatsApp. Dans les paramètres sous Utilisation des données et du stockage, vous pouvez sélectionner l'option Faible consommation de données qui réduit l'utilisation des données lorsque vous n'êtes pas connecté au Wi-Fi

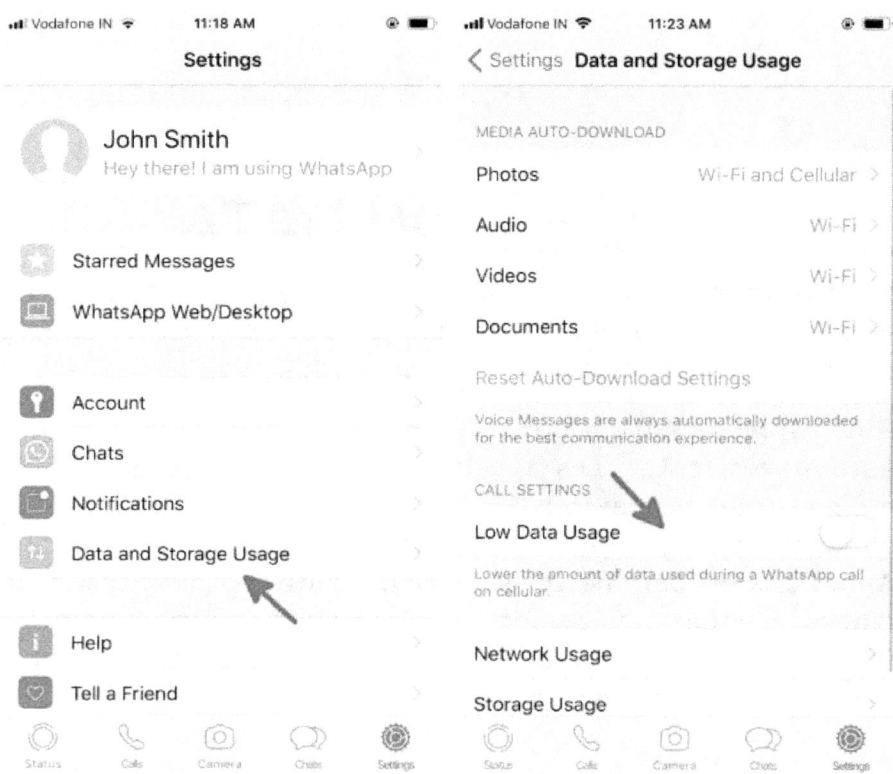

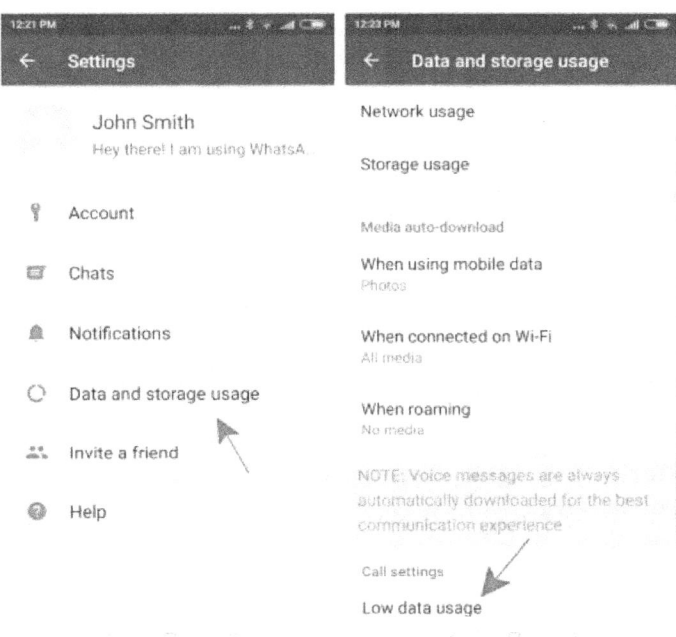

JOURNAL DES APPELS MANQUÉS

Où puis-je voir mes appels manqués, les appels reçus et les appels que j'ai passés?

Sur votre iPhone, sélectionnez l'onglet Appels en bas de votre écran. Sur un téléphone Android, cet onglet est situé en haut de l'écran à droite de l'onglet État. Ici vous pouvez voir vos appels manqués indiqués par la flèche rouge pointant vers l'intérieur, vos appels reçus indiqués par une flèche verte pointant vers l'intérieur et les appels que vous avez passés par une flèche verte pointant vers l'extérieur

Vous pouvez cliquer sur les trois boutons en haut de l'écran et sélectionner Effacer Journal pour effacer tous les appels sur cet écran

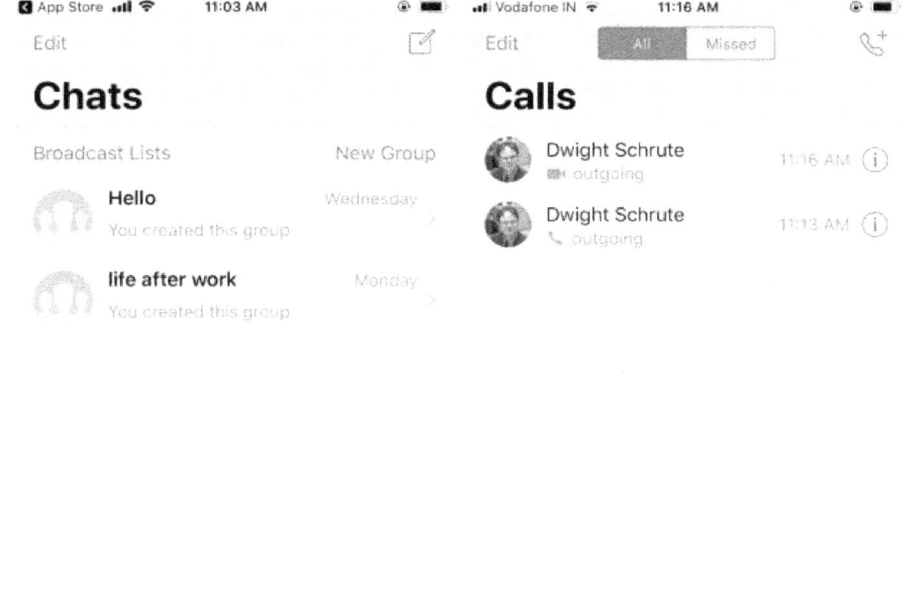

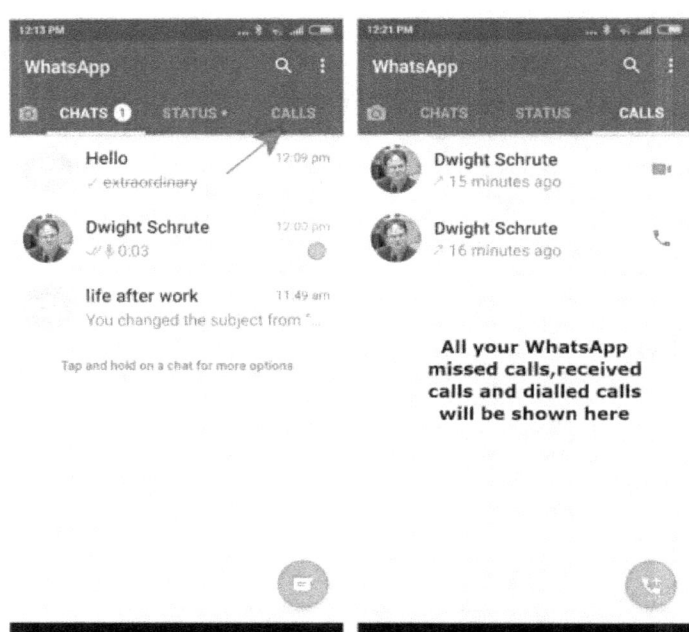

All your WhatsApp missed calls, received calls and dialled calls will be shown here

QUELLE QUANTITÉ DE DONNÉES EST UTILISÉE LORSQUE JE PASSE UN APPEL WHATSAPP?

5 min Appel audio WhatsApp (2 participants): 1,4 Mo
5 min Appel audio WhatsApp (3 participants): 1,5 Mo
5 min Appel audio WhatsApp (4 participants): 3,1 Mo

5 min Appel vidéo WhatsApp (2 participants): 25 Mo
5 min Appel vidéo WhatsApp (3 participants): 30 Mo
5 min Appel vidéo WhatsApp (4 participants): 31 Mo

Faible consommation de données activée:

5 min Appel audio WhatsApp (2 participants): 1,0 Mo
5 min Appel audio WhatsApp (3 participants): 1,3 Mo
5 min Appel audio WhatsApp (4 participants): 2,6 Mo

5 min Appel vidéo WhatsApp (2 participants): 23 Mo
5 min Appel vidéo WhatsApp (3 participants): 25 Mo
5 min Appel vidéo WhatsApp (4 participants): 28 Mo

* Veuillez utiliser les données ci-dessus comme données ap-

proximatives qui seront utilisées lors de la création d'un appel WhatsApp.

SONNERIE DE CHANGEMENT D'

Existe-t-il un moyen pour moi de changer ma sonnerie pour les appels WhatsApp?

Sur votre téléphone Android pour changer la sonnerie de vos appels WhatsApp, vous devez vous rendre dans le menu des paramètres de WhatsApp. Dans le menu des paramètres, sélectionnez «Notifications». Faites défiler jusqu'à Sonnerie et sélectionnez-la pour choisir dans une liste de sonneries. Vous pouvez prévisualiser la sonnerie lorsque vous cliquez sur la sonnerie. Parallèlement à cela, vous pouvez également modifier les paramètres de vibration lorsque vous recevez un appel WhatsApp. Vous pouvez garder la vibration par défaut, désactivée, vibration courte ou longue vibration selon votre choix.

SONNERIES DE CHAT PERSONNALISÉES

Saviez-vous que vous pouvez sélectionner différentes sonneries WhatsApp pour différents contacts?

WhatsApp vous permet d'avoir des notifications personnalisées pour chaque contact vous permettant de savoir si votre meilleur ami vous appelle ou votre patron par juste le son de la sonnerie!
iPhone:

Sur votre iPhone, cliquez sur l'onglet «Contacts» et sélectionnez le contact pour lequel vous souhaitez des notifications personnalisées. Sélectionnez l'option «Notifications personnalisées» et sélectionnez la sonnerie que vous souhaitez définir pour ce contact.

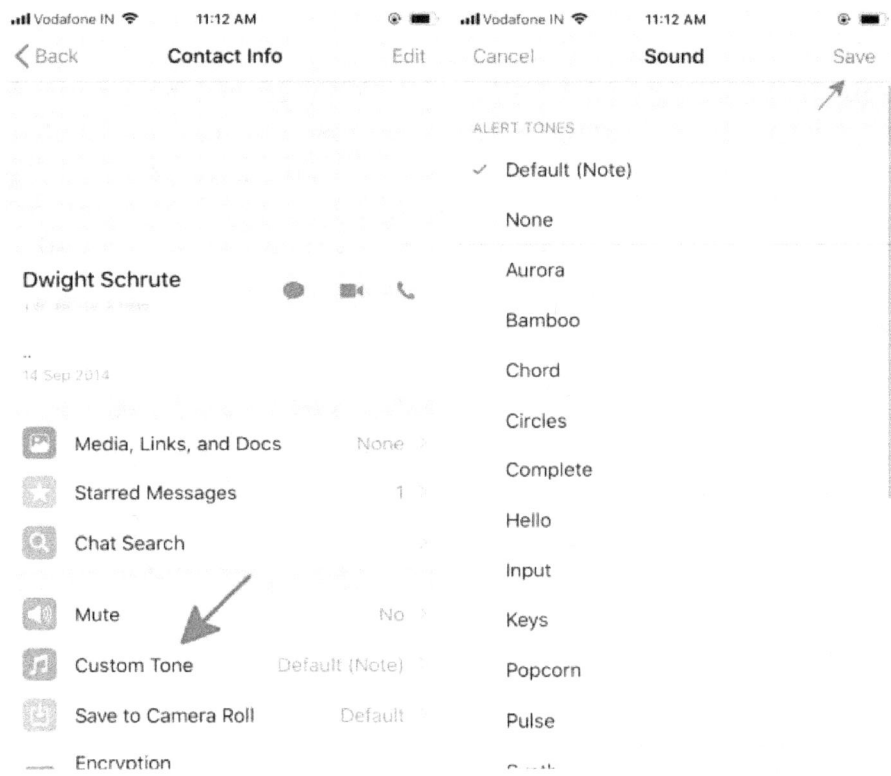

Android:

Pour ce faire, vous devez sélectionner le contact auquel vous souhaitez attribuer une sonnerie personnalisée sur votre téléphone Android dans le menu de discussion. Dans le chat, cliquez sur le nom de votre contact et sélectionnez «Notifications personnalisées». Cliquez sur la case à côté de «utiliser des notifications personnalisées» pour activer cette fonctionnalité. Vous pouvez maintenant sélectionner les paramètres de sonnerie et de vibration pour ce contact spécifique.

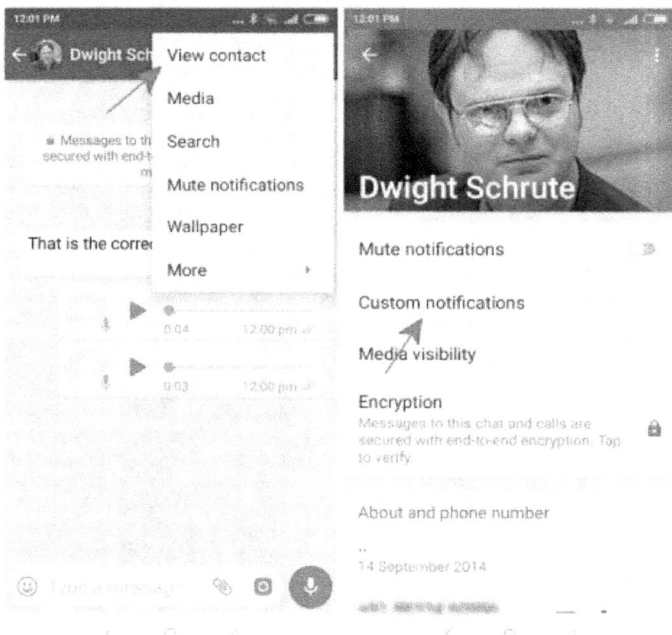

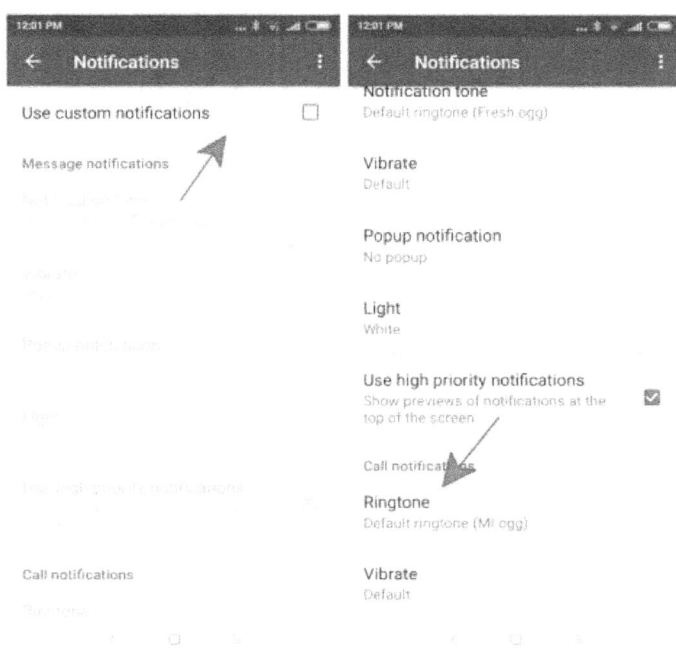

MISE À JOUR DU STATUT WHATSAPP LE STATUT

WhatsApp a commencé comme une phrase que tous vos contacts pouvaient voir à travers laquelle vous pouviez partager votre humeur ou votre état d'esprit actuel. Il est devenu tellement plus que cela maintenant. Vous pouvez désormais utiliser des images, des vidéos et même des GIF pour partager les événements de votre journée. La mise à jour de l'état disparaît 24 heures. À partir du moment de la publication. La mise à jour du statut WhatsApp est en fait des histoires Instagram pour WhatsApp.

COMMENT DÉFINIR MON STATUT WHATSAPP?

iPhone:

Sur un iPhone, vous accédez à l'écran de mise à jour de l'état en cliquant sur le bouton d'état en bas à gauche. Vous pouvez cliquer sur Mon statut ou sur le logo de la caméra à droite pour ajouter une image, une vidéo ou un GIF comme mise à jour de votre statut.

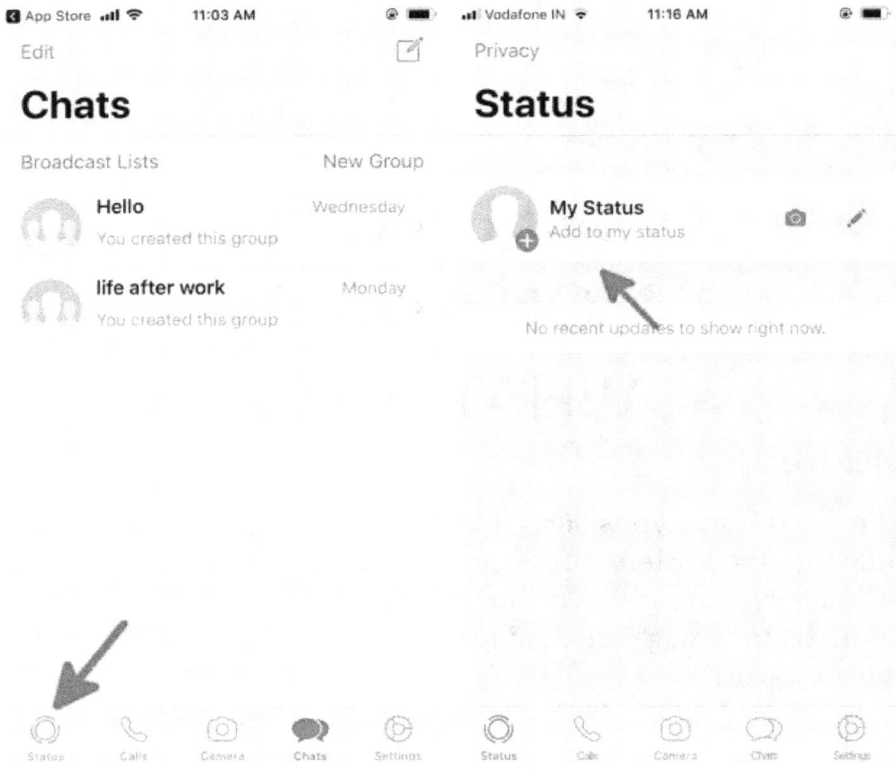

Vous pouvez soit cliquer sur une nouvelle image ou vidéo, soit sélectionner une image ou une vidéo dans la galerie de votre téléphone. Vous pouvez éditer l'image / vidéo, ajouter des emojis, écrire du texte et même griffonner dessus. Vous pouvez également utiliser la case «Ajouter une légende» pour ajouter une légende à la mise à jour du statut.

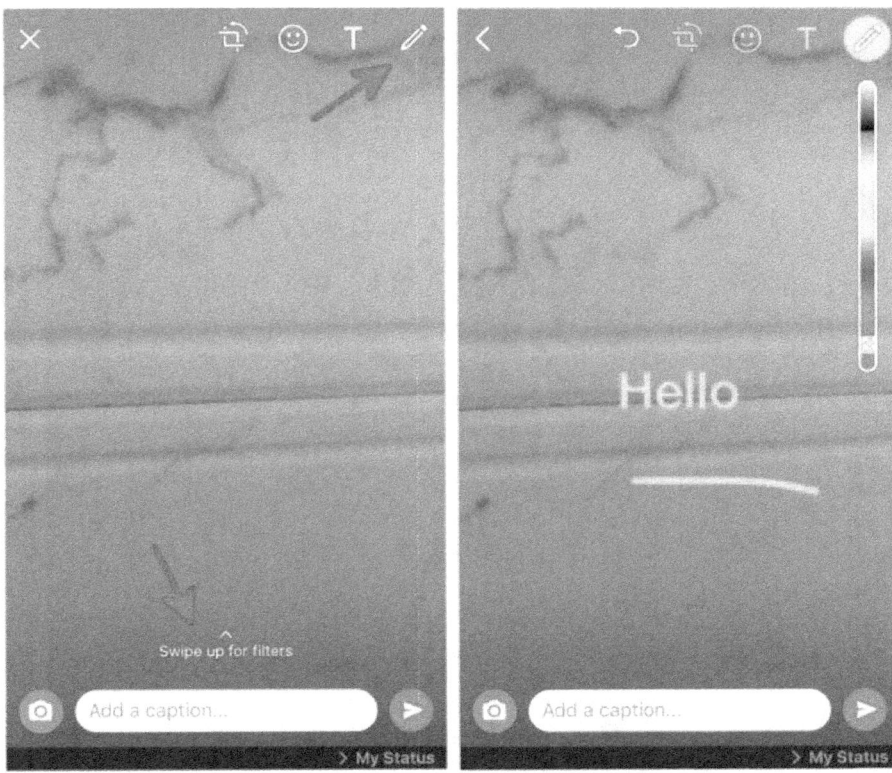

Vous pouvez ajouter des filtres à votre photo en balayant l'écran vers le haut. Pour les vidéos, vous pouvez convertir la vidéo en GIF en cliquant sur le bouton GIF en haut de l'écran d'édition.

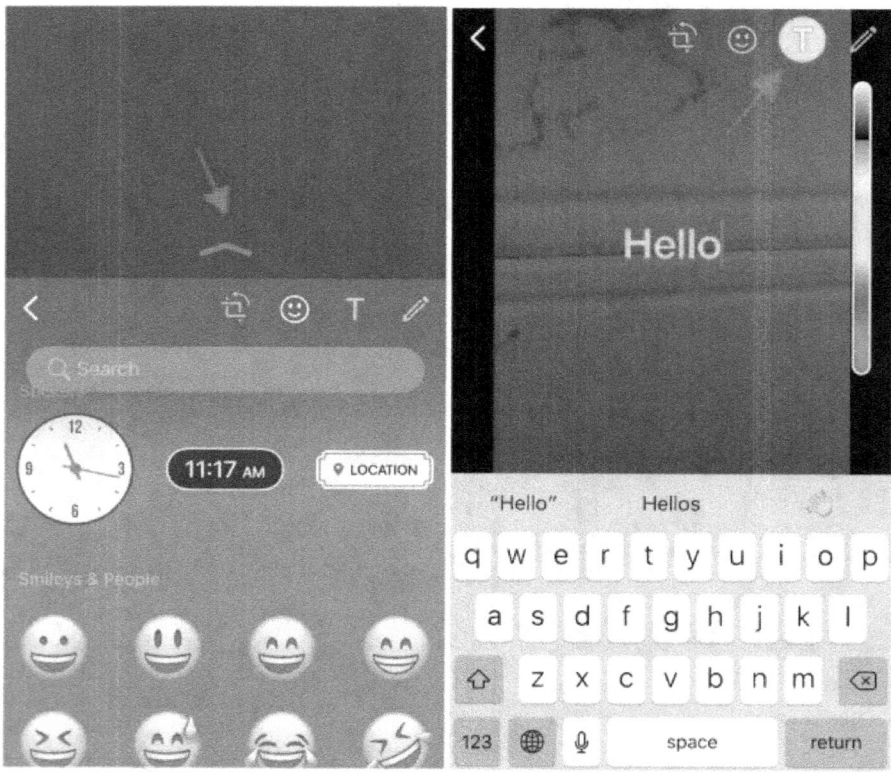

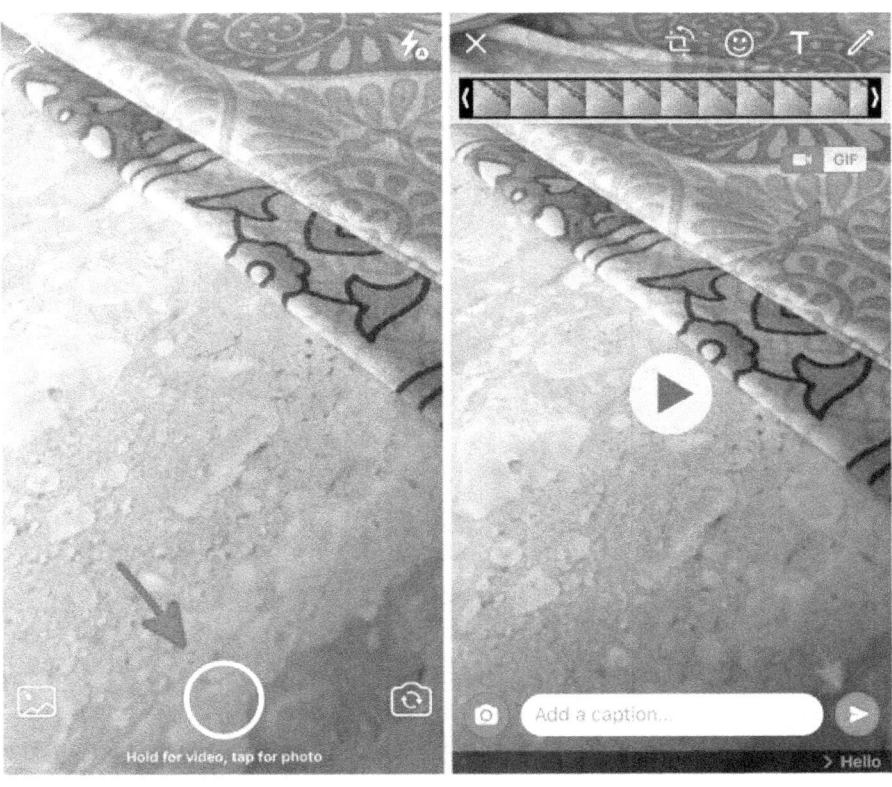

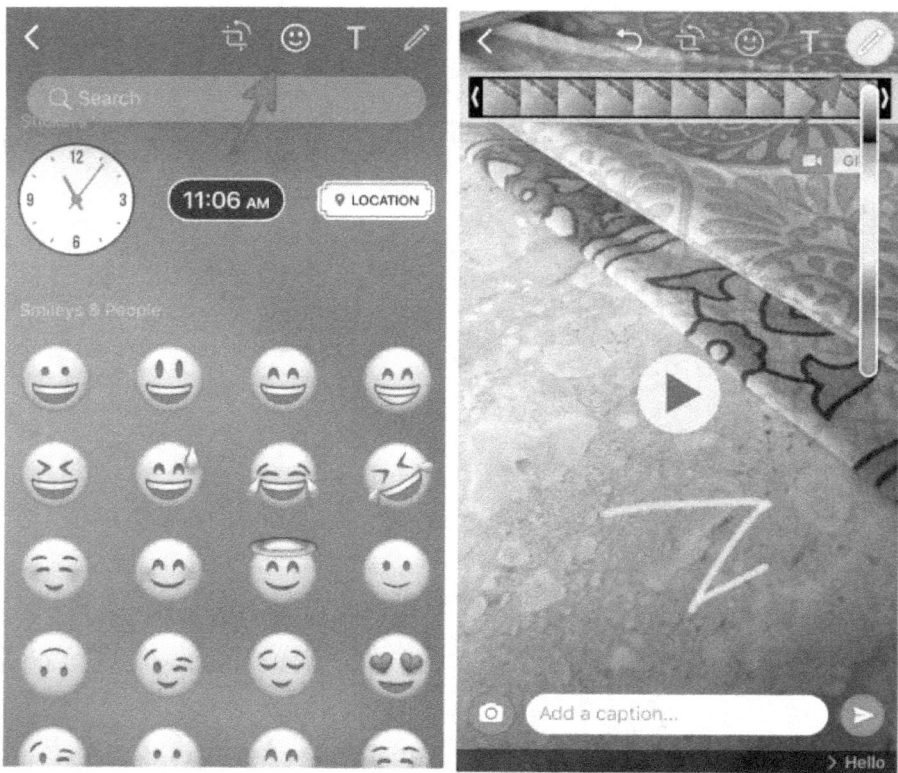

Pour ajouter uniquement du texte à votre mise à jour de statut, vous pouvez sélectionner le bouton crayon à droite du bouton Mon statut. Vous pouvez changer la police du texte, vous pouvez changer l'arrière-plan du texte et vous pouvez également ajouter des emojis à votre mise à jour de l'état du texte.

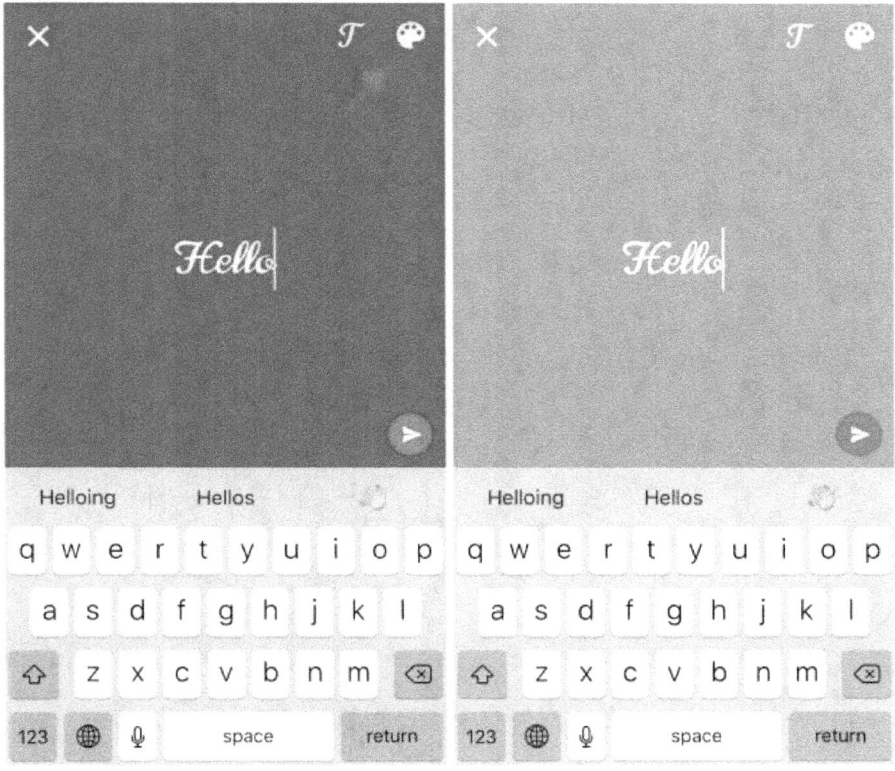

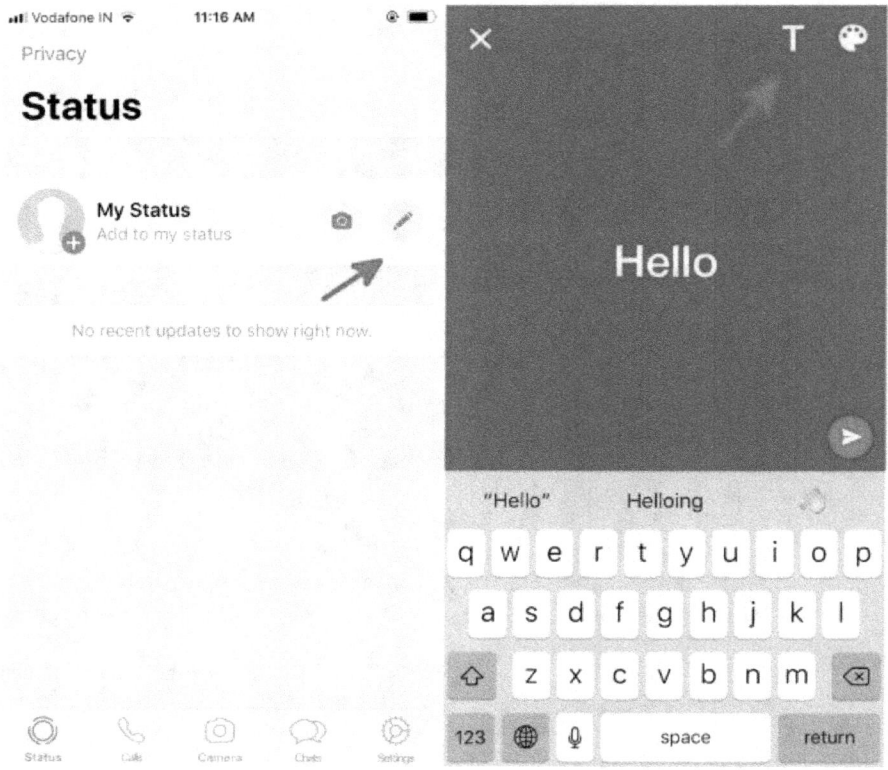

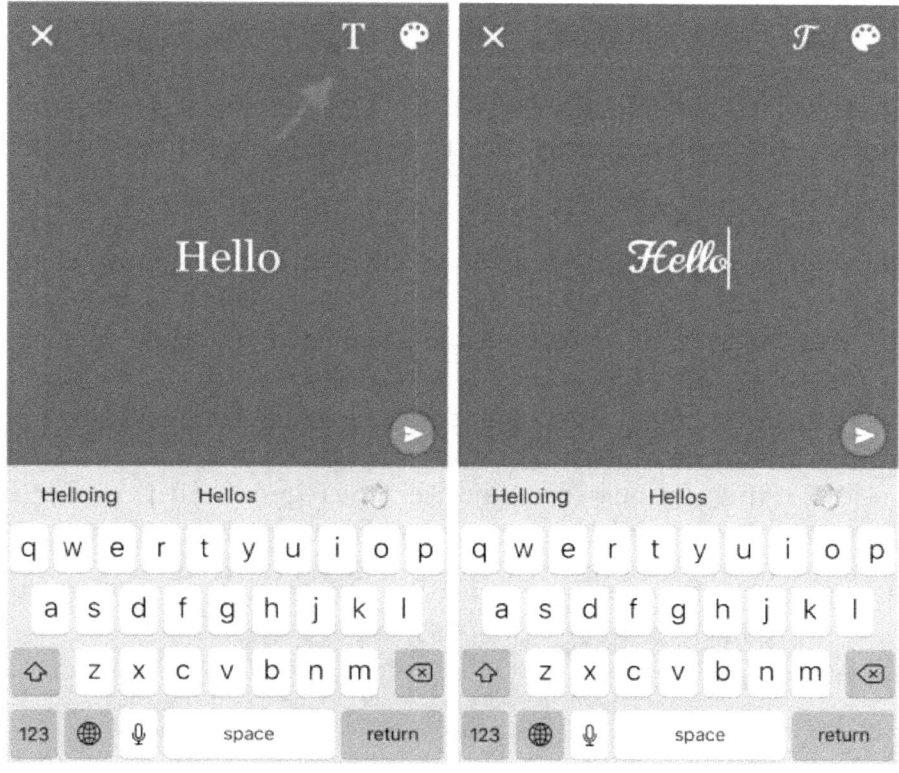

Android:

Sur votre smartphone Android, cliquez sur l'onglet État à côté de l'onglet Chat en haut de l'écran. À partir de cet écran, vous pouvez mettre à jour votre statut WhatsApp de différentes manières.

Pour ajouter une image ou une vidéo à votre statut, vous pouvez soit appuyer sur le bouton «Mon statut», soit appuyer sur le bouton de l'appareil photo dans le coin inférieur droit. De là, vous pouvez sélectionner une photo ou une vidéo de votre galerie et la définir comme mise à jour de votre statut. Vous pouvez éditer l'image / vidéo, ajouter des emojis, écrire du texte et même griffonner dessus. Vous pouvez également utiliser la case «Ajouter une légende» pour ajouter une légende à la mise à jour du statut. Pour les vidéos, vous pouvez convertir la vidéo en GIF en cliquant sur le bouton GIF en haut de l'écran d'édition.

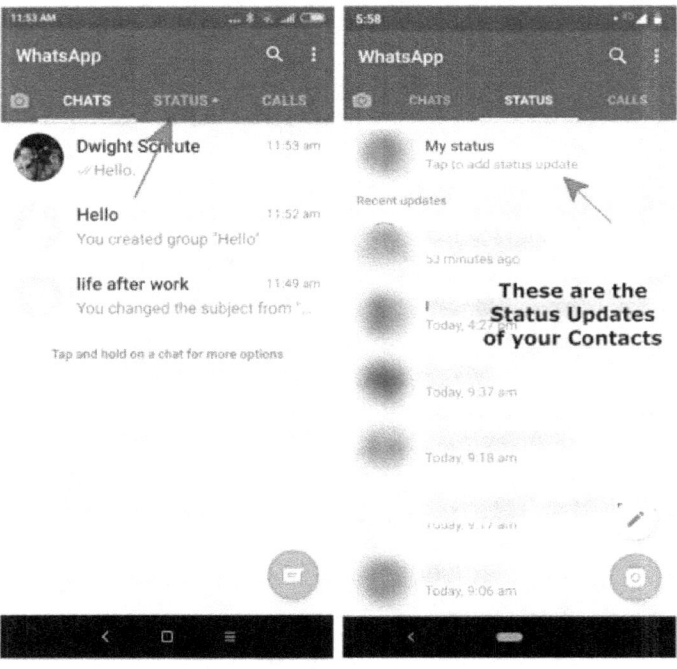

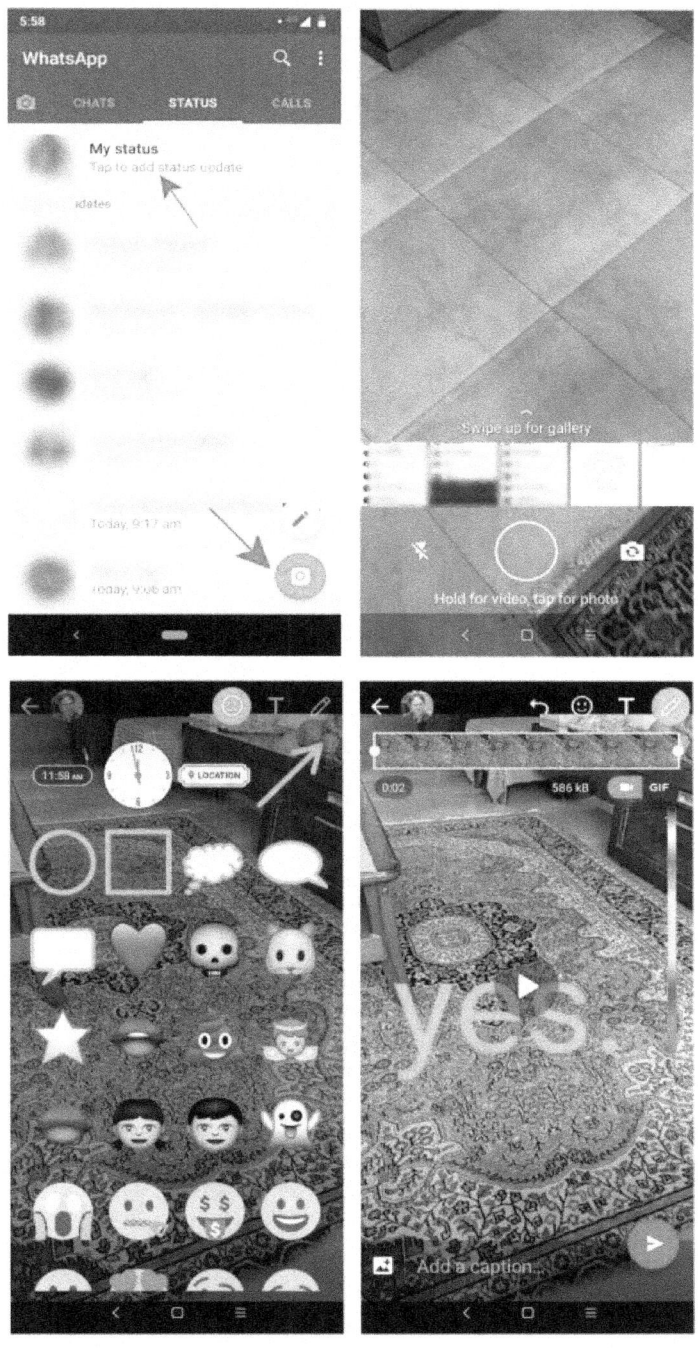

Pour ajouter uniquement du texte à votre mise à jour de statut, vous pouvez sélectionner le bouton crayon en bas à droite de l'écran Statut. Vous pouvez changer la police du texte, vous pouvez changer l'arrière-plan du texte et vous pouvez également ajouter des emojis à votre mise à jour de l'état du texte.

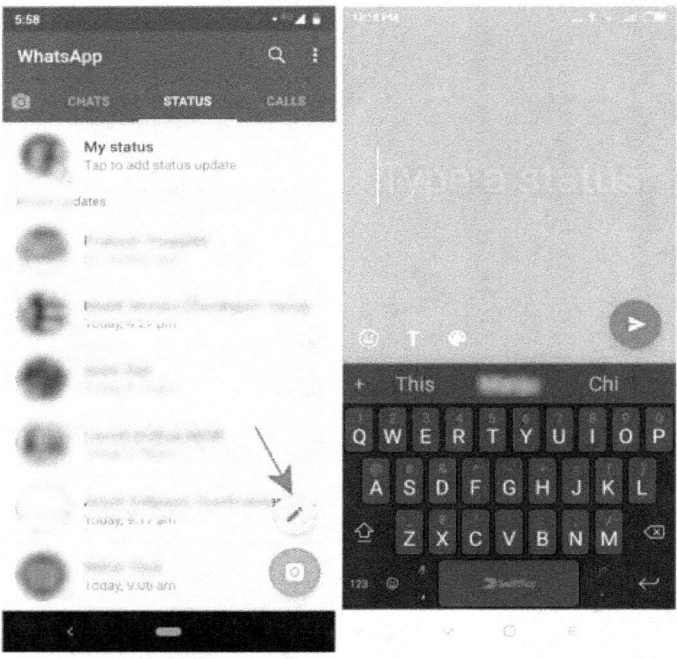

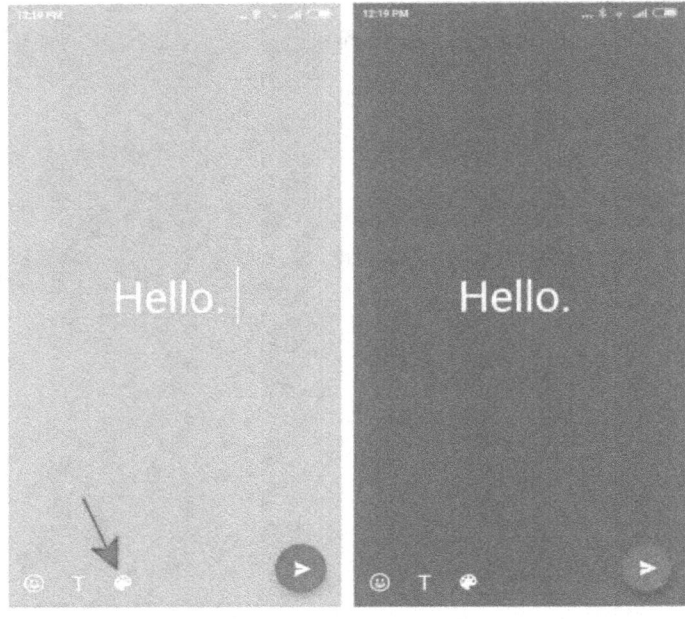

Une fois que vous avez défini votre statut WhatsApp, vous pouvez voir qui ont tous vu votre statut en cliquant sur l'icône en forme d'œil comme indiqué ci-dessous.

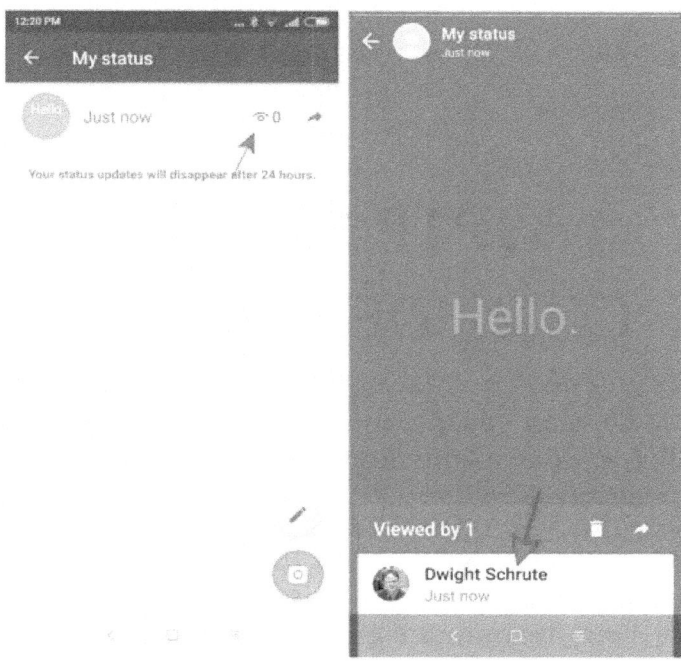

Il ne vous reste plus qu'à faire ressortir votre Picasso intérieur et à utiliser votre créativité intérieure!

OPTIONS DE CONFIDENTIALITÉ

Ma mise à jour de statut est-elle partagée avec TOUS mes contacts? !! Je ne veux pas que mon patron / ma tante curieuse / mon collègue bizarre voie mon statut !! Y a-t-il quelque chose que je puisse faire?

Oui, votre statut est partagé par défaut avec tous vos contacts, mais ne vous inquiétez pas, nous pouvons le modifier si vous le souhaitez. Voyons comment cela est fait pour que votre patron ne sache pas ce que vous faites pendant vos jours de maladie

WhatsApp dispose de trois options de confidentialité pour les mises à jour de statut:

1. Vous pouvez partager votre statut avec tous vos contacts
2. Vous pouvez partager votre statut avec tous vos contacts sauf quelques contacts sélectionnés
3. Vous ne pouvez partager votre statut qu'avec les contacts que vous sélectionnez

Cliquez sur Mes contacts Sauf et sélectionnez tous les contacts avec lesquels vous ne souhaitez pas partager votre statut. Cliquez sur Partager uniquement avec et sélectionnez tous les contacts avec lesquels vous souhaitez partager votre statut.

iPhone:

Pour modifier la confidentialité de votre mise à jour de statut sur votre iPhone, cliquez sur l'icône des paramètres en

bas à droite de l'écran. Sur l'écran des paramètres, sélectionnez l'option «Compte» et l'option «Confidentialité» de l'écran
«Compte». Cliquez ici sur «Statut» pour accéder aux options de
confidentialité de mise à jour du statut.

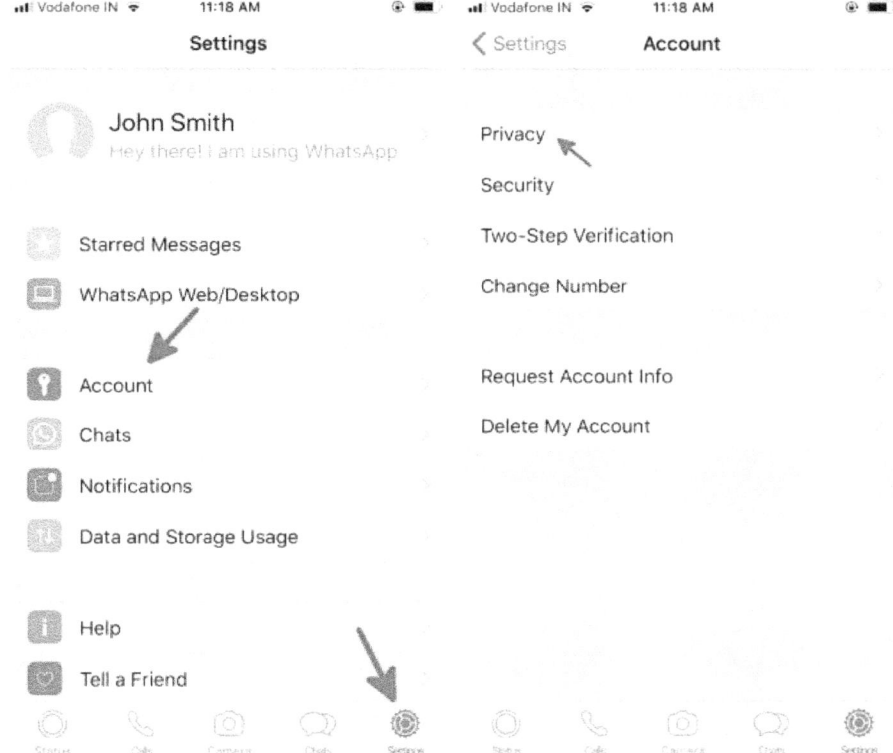

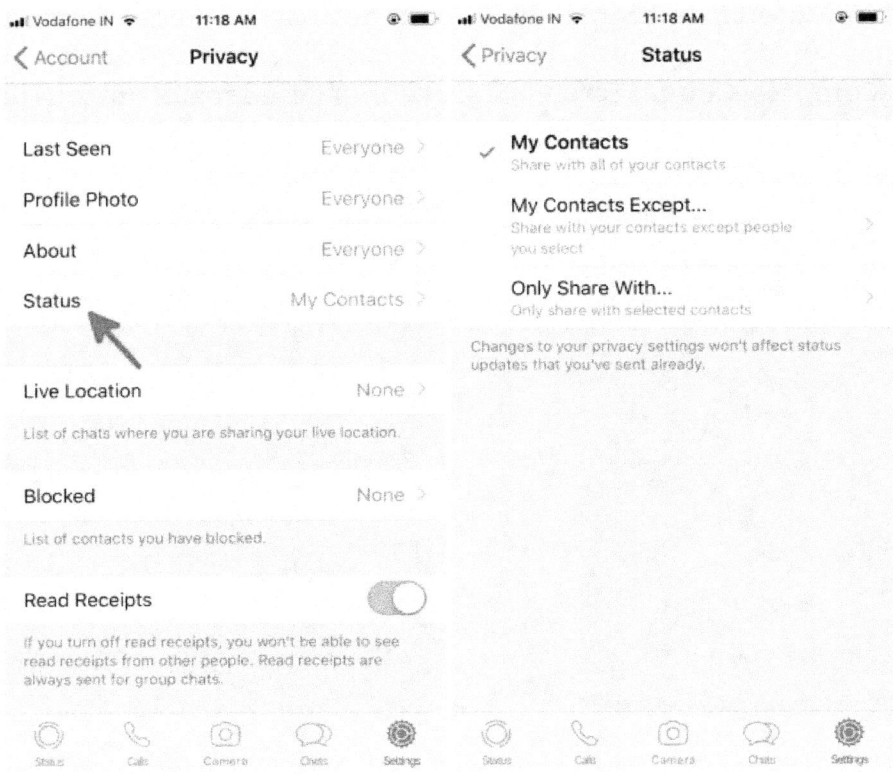

Android:

Pour modifier la confidentialité de votre mise à jour de statut sur votre smartphone Android, vous devez accéder à l'écran Statut et cliquer sur le bouton à 3 points en haut à droite et sélectionner l'option Statut Confidentialité.

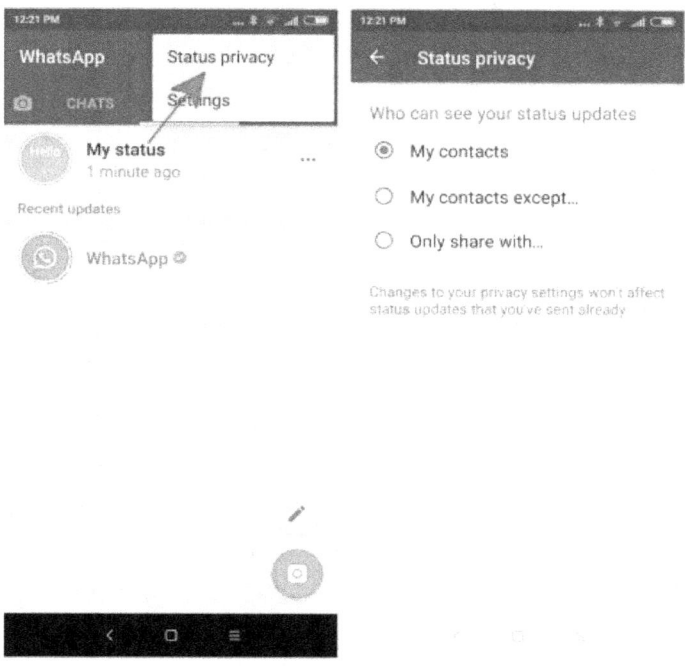

MISES À JOUR DU STATUT MUET

Ouf! Mon patron ne peut pas voir mes mises à jour de statut. Existe-t-il maintenant un moyen d'ignorer les mises à jour de statut de mon patron? Je pense que je passe déjà assez de temps avec lui / elle!

Oui!! Il existe certainement un moyen de vous empêcher de voir les mises à jour de statut de votre patron et c'est très simple à faire aussi. Sur votre téléphone Android, vous devez appuyer et maintenir la mise à jour de l'état du contact que vous souhaitez mettre en sourdine. Cela vous donnera la possibilité de désactiver votre contact. Sur votre iPhone, vous devez faire glisser vers la gauche le contact que vous souhaitez désactiver pour révéler le bouton de désactivation à droite et, de cette manière, vous ne verrez pas la mise à jour du statut de votre patron.

Maintenant, si votre patron vous demande si vous avez vu sa mise à jour de statut, préparez-vous avec une bonne excuse!

COMMENT VOIR QUI ONT TOUS VU MON STATUT WHATSAPP?

OK maintenant que j'ai sélectionné à qui tout mon statut est partagé, y a-t-il un moyen de savoir qui a tous consulté mon statut?

Une fois que vous avez publié votre mise à jour de statut, vous pouvez voir le statut que vous avez publié dans l'onglet Statut. Votre statut est situé en haut de cette page. À côté de cela, vous pouvez voir le nombre de personnes qui ont consulté le statut et en cliquant dessus, vous pouvez trouver les personnes qui ont consulté votre statut.

Vous pouvez découvrir qui aime vos photos de nourriture et leur parler de votre amour mutuel pour la nourriture!

WHATSAPP WEB

Votre téléphone peut parfois être très distrayant. Vous recevez un message WhatsApp et la prochaine chose que vous savez, vous avez regardé 2 heures de vidéos de chats sur YouTube. Maintenant, avec WhatsApp Web, vous pouvez discuter sur WhatsApp tout en maintenant votre productivité au travail!

WhatsApp Web est une installation très simple. Tout ce dont vous avez besoin est un ordinateur, une connexion Internet et un navigateur Internet comme Chrome, Firefox, Safari, Edge ou Internet Explorer.

Accédez à l'adresse web.whatsapp.com sur le navigateur Internet de votre ordinateur.

Sur votre iPhone, allez dans l'onglet Paramètres en bas à droite de l'écran et cliquez sur le bouton WhatsApp Web. Sur votre smartphone Android, cliquez sur le menu à 3 boutons et cliquez sur le bouton WhatsApp Web.

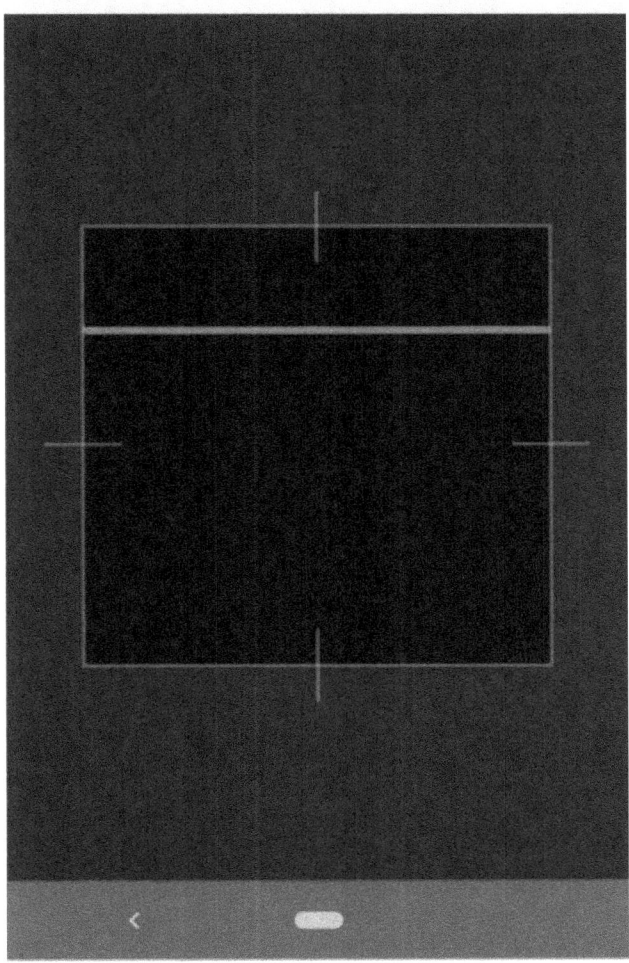

Cela vous mènera à un écran avec la caméra activée. Pour activer WhatsApp Web, vous devez scanner le code QR qui s'affiche sur l'écran de votre ordinateur à partir de l'écran de l'appareil photo de votre téléphone. Cela associe votre smartphone WhatsApp à

votre bureau WhatsApp.

Une fois que vous êtes jumelé, WhatsApp Web sera activé et vous pourrez discuter sur WhatsApp, consulter les mises à jour de statut et partager des photos, des vidéos et des documents comme vous le feriez sur votre téléphone. Vous devez vous assurer que votre téléphone dispose d'une batterie suffisante et d'une connexion Internet pour que WhatsApp Web fonctionne.

ENVOYEZ DES PHOTOS, DES VIDÉOS, DES DOCUMENTS ET DES CONTACTS:

UTILISEZ DES ÉMOTICÔNES, DES GIF ET DES AUTOCOLLANTS:

RECHERCHER DES MESSAGES:

MISES À JOUR
DU STATUT:

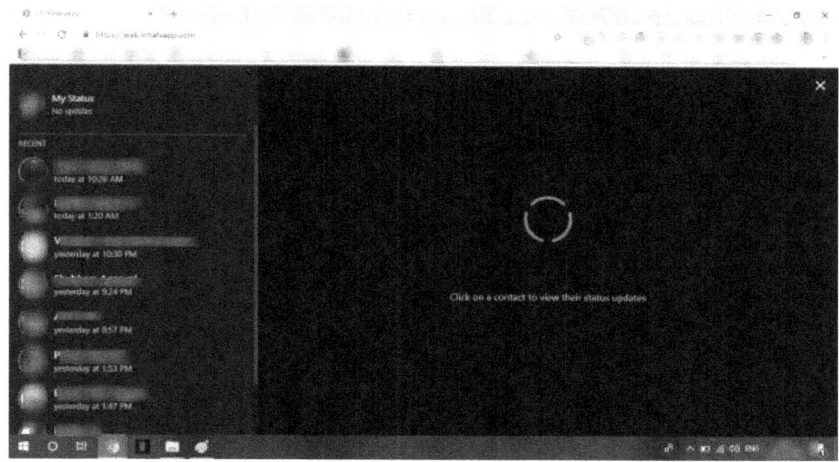

MODIFIER LES PARAMÈTRES DE NOTIFICATION:

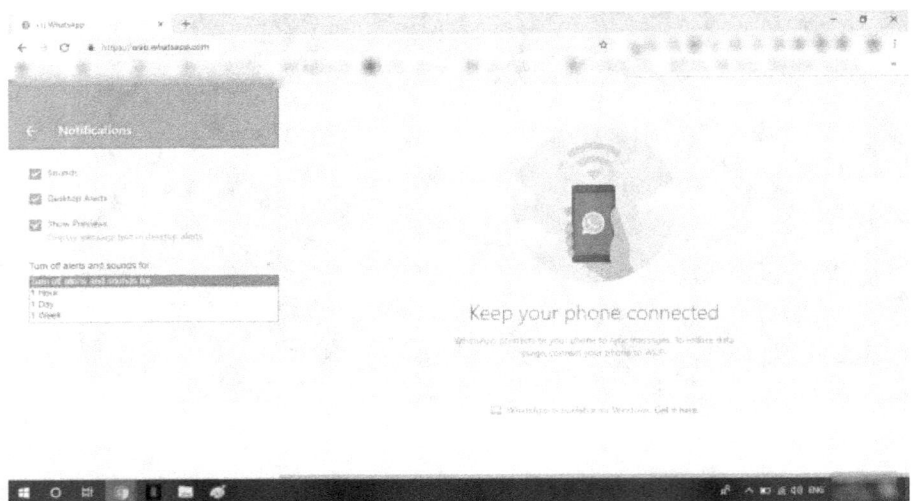

CONTACTS BLOQUÉS:

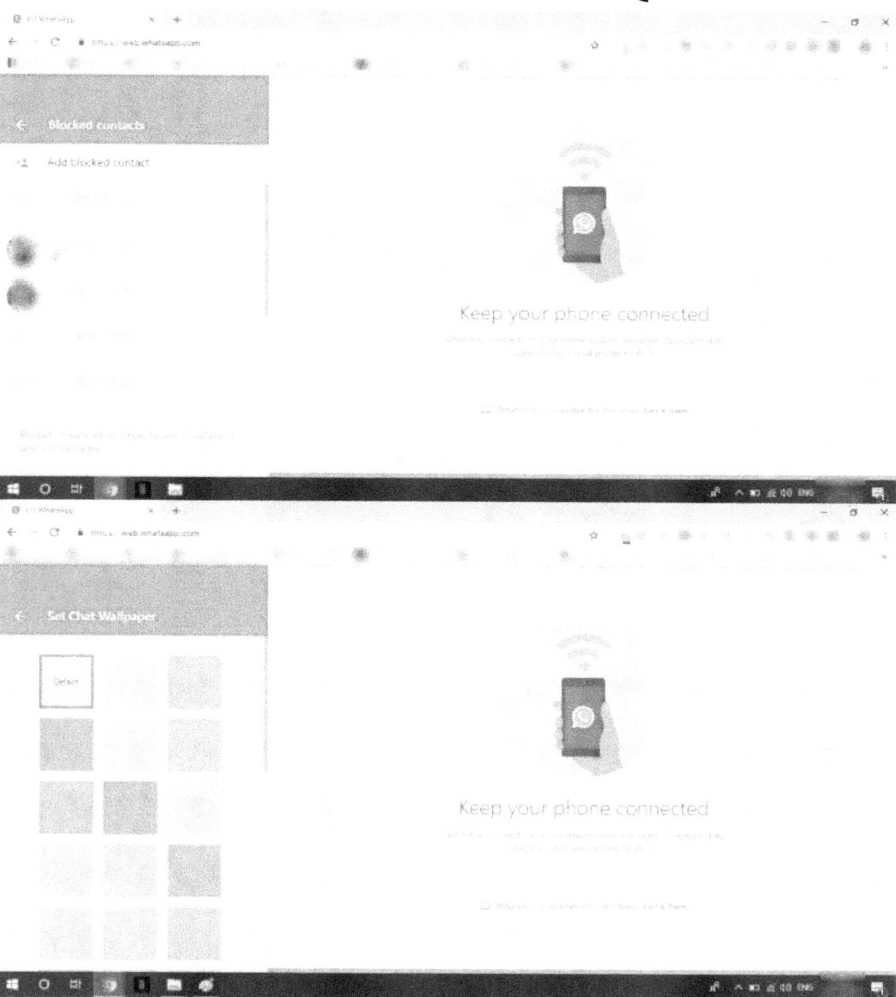

Pour vous déconnecter de WhatsApp Web, vous devez revenir dans le menu Web de WhatsApp sur votre téléphone et sélectionnez l'appareil dont vous souhaitez vous déconnecter ou sélectionnez «Se déconnecter de tous les appareils»

Félicitations !! Vous êtes officiellement un maître de Whats-App Messenger !! Vous ne pensez pas que vous êtes un maître? Ne vous inquiétez pas, vous avez toujours ce livre sur lequel revenir et apprendre 😁😁